CALCUL

DE

GÉNÉRALISATION

PAR

G. OLTRAMARE

DOYEN DE LA FACULTÉ DES SCIENCES DE L'UNIVERSITÉ DE GENÈVE

PARIS

LIBRAIRIE SCIENTIFIQUE A. HERMANN

ÉDITEUR, LIBRAIRE DE S. M. LE ROI DE SUÈDE ET DE NORVÈGE

8, rue de la Sorbonne, 8

1899

CALCUL

DE

GÉNÉRALISATION

CALCUL

DE

GÉNÉRALISATION

PAR

G. OLTRAMARE

DOYEN DE LA FACULTÉ DES SCIENCES DE L'UNIVERSITÉ DE GENÈVE

PARIS

LIBRAIRIE SCIENTIFIQUE A. HERMANN

ÉDITEUR, LIBRAIRE DE S. M. LE ROI DE SUÈDE ET DE NORVÈGE

8, rue de la Sorbonne, 8

—

1899

INTRODUCTION

Le calcul de généralisation qui fait le sujet de cet ouvrage a pour base la représentation des fonctions uniformes sous une forme symbolique, telle que l'on puisse effectuer sur ces fonctions les principales opérations auxquelles elles sont soumises, comme leur différentiation et leur intégration à l'aide d'un calcul algébrique très simple à effectuer.

On reconnaîtra facilement que ce calcul, qui ne présente pas de grandes difficultés, soit dans son exposition, soit dans ses applications, conduit immédiatement à établir des formules générales pour la détermination des intégrales définies dont Cauchy a donné plusieurs exemples et auxquelles il est parvenu à l'aide du calcul des résidus ; il donne immédiatement les formules pour la différentiation et l'intégration à indices fractionnaires établies par Liouville, nous sommes même parvenu à des formules plus simples pour le même objet, il fournit, en outre, des procédés bien simples pour la transformation des séries en intégrales définies, etc., etc. Un des principaux avantages qu'il présente consiste dans l'application qu'on en peut faire à l'intégration des équations.

Après avoir établi quelques principes généraux, nous nous sommes appliqué à déterminer une intégrale particulière de toute équation différentielle ou aux différences et différentielles partielles linéaires à coefficients constants avec un second membre, nous nous sommes également occupé de l'intégration des équations simultanées, des équations aux différences mêlées, et de certaines classes d'équations aux différentielles partielles avec coefficients variables, enfin, nous avons reconnu que, dans plusieurs cas, on pouvait déterminer la fonction qui figure dans une intégrale définie dont la valeur est donnée.

En résumé, le calcul de généralisation, dont nous allons exposer les principes, nous semble devoir occuper une place importante dans l'analyse supérieure. L'uniformité et la simplicité de ses procédés, son application à la solution d'une multitude de questions d'une grande importance nous font espérer qu'il pourra trouver place dans l'enseignement, et se substituer avec avantage aux différentes méthodes beaucoup plus compliquées, auxquelles il faut avoir recours dans les questions que le calcul différentiel et intégral est appelé à résoudre.

Nous pouvons dire que ce procédé est, pour l'analyse supérieure, ce que sont les logarithmes pour le calcul numérique, il diminue, dans beaucoup de cas, les difficultés de la différentiation et de l'intégration; on reconnaîtra, en particulier, qu'il fait dépendre l'intégration des équations aux différences et différentielles partielles, soit isolées, soit simultanées, de la simple résolution d'équations algébriques; de plus, il permet de reconnaître, d'une manière générale, le nombre maximum de fonctions arbitraires que peut renfermer l'intégrale d'une équation pour être considérée comme intégrale complète et, dans quelques cas particuliers, il peut déterminer le nombre exact de ces fonctions arbitraires.

CHAPITRE PREMIER

—

CALCUL DE GÉNÉRALISATION

§ **1.** — Pour donner une définition précise de cette nouvelle opération que nous nous proposons d'introduire dans le calcul et que nous désignons sous le nom de *généralisation* représentons par

$$\varphi(a, b, c, \ldots)$$

une fonction quelconque uniforme d'une ou plusieurs variables indépendantes $a, b, c, \ldots$ et, cherchons à reconnaître s'il existe une opération symbolique distributive, dont nous désignerons par G la caractéristique, qui, appliquée à cette fonction, aurait pour effet d'éliminer les nouvelles variables $u, v, w, \ldots$ dans l'expression exponentielle $e^{au+bv+cw+\cdots}$ de telle sorte qu'on puisse écrire l'identité

$$(1) \qquad \mathrm{G}e^{au+bv+cw+} = \varphi(a, b, c, \ldots)$$

quelle que soit la fonction φ.

Proposons-nous en outre de déterminer la valeur de l'expression symbolique

$$(2) \qquad \mathrm{G}\Psi(u, v, w, \ldots)$$

en appliquant à la fonction uniforme $\Psi(u, v, w, \ldots)$ l'opération que nous aurons reconnue capable de satisfaire à l'égalité précédente.

Pour répondre à ces deux questions, désignons par $x, y, z, \ldots$ des quantités que nous considérerons, d'abord, comme de simples constantes, et, substituons dans l'égalité (1) les valeurs $x+a, y+b, z+c, \ldots$ à la place de $a, b, c, \ldots$ nous obtiendrons

$$(3) \quad \mathrm{G}e^{xu+yv+zw+\cdots} \times e^{au+bv+cw+\cdots} = \varphi(x+a, y+b, z+c, \ldots$$

Cela posé, si nous écrivons l'expression (2), après l'avoir multipliée par $e^{au+yv+zw+\cdots}$, sous la forme

$$(4) \qquad \mathrm{G}e^{xu+yv+zw+\cdots}\Psi(u, v, w, \ldots)$$

nous pourrons, à ces formules (3) et (4), substituer les deux suivantes :

$$(5)\qquad Ge^{au + bv + cw + \cdots} = \varphi(x + a,\ y + b,\ z + c, \ldots)$$

$$(6)\qquad G\Psi(u, v, w, \ldots)$$

en convenant, et, en admettant de la manière la plus expresse que, toutes les fois qu'on aura à effectuer l'opération G sur une fonction des variables $u, v, w, \ldots$ on devra considérer cette fonction comme préalablement multipliée par le facteur $e^{xu + yv + zw + \cdots}$ Selon les cas, nous ferons figurer ce facteur ou nous le supprimerons puisque, par convention, il est toujours censé multiplier la fonction.

Nous pouvons faire remarquer que la présence de ce facteur est absolument nécessaire parce que, sans cela, une même fonction pourrait, dans certains cas, être représentée par plusieurs expressions symboliques différentes, ce qui conduirait à des relations erronées.

§ 2. — Pour déterminer en quoi consiste cette opération distributive G, nous développerons les deux membres de l'identité (5) en séries ordonnées suivant les puissances des variables $a, b, c, \ldots$ en remarquant que, pour le premier membre, nous avons à l'aide du développement connu de l'exponentielle

$$e^{au + bv + cw + \cdots} = 1 + \frac{au + bv + cw + \ldots}{1} + \frac{(au + bv + cw + \ldots)^2}{1.2} + \ldots$$

et que la fonction du second nombre se développe à l'aide de la formule de Taylor étendue à une fonction de plusieurs variables.

Nous aurons ainsi :

$$\begin{aligned}
G\Big(1 + au + \frac{a^2}{1.2}u^2 + \ldots & & = \varphi(x, y, z, \ldots) + a\frac{d\varphi}{dx} + \frac{a^2}{1.2}\frac{d^2\varphi}{dx^2} + \ldots \\
+ bv + \frac{2ab}{1.2}uv + & & + b\frac{d\varphi}{dy} + \frac{2ab}{1.2}\frac{d^2\varphi}{dxdy} + \ldots \\
+ cw + \frac{b^2}{1.2}v^2 + & & + c\frac{d\varphi}{dz} + \frac{b^2}{1.2}\frac{d^2\varphi}{dy^2} + \ldots \\
+ \ldots\ + \ldots\quad \Big) & & + \ldots\quad + \ldots
\end{aligned}$$

en effectuant l'opération G sur chaque terme et en identifiant les coefficients des différentes puissances des variables, on obtient :

$$G1 = \varphi(x, y, z, \ldots)$$

$$Gu = D_x\varphi(x, y, z\ldots) \quad Gv = D_y\varphi(x, y, z, \ldots) \quad Gw = D_z\varphi(x, y, z, \ldots)$$

$$Gu^2 = D^2_x\varphi(x, y, z\ldots) \quad Guv = D_xD_y\varphi(x, y, z, \ldots) \quad Gv^2 = D^2_y\varphi(x, y, z\ldots)$$

. . . .

Nous devons admettre comme conséquence des considérations dans lesquelles nous venons d'entrer que :

Si l'on veut représenter les valeur de

$$G\Psi(u, v, w, \ldots)$$

en posant comme définition de la fonction φ

(7) $$Ge^{au+bv+cw+\ldots} = \varphi(x+a, y+b, z+c, \ldots)$$

il suffit de remplacer dans cette expression u *par* D_x, v *par* D_y, w *par* D_z, *etc., et de déterminer la valeur de l'expression symbolique*

(8) $$\Psi(D_x, D_y, D_z, \ldots)\,\varphi(x, y, z, \ldots)$$

lorsqu'on conçoit cette fonction Ψ *développée en série suivant les puissances des caractéristiques* D_x, D_y, D_z, ... *et qu'on effectue tous les coefficients différentiels indiqués.*

Cela admis, le calcul de généralisation, effectué sur une fonction $\Psi(u, v, w, ..)$, aura pour but de rechercher la valeur de cette expression (8) valeur que l'on peut considérer comme complément déterminée à l'aide de l'équation (7), lors même que la fonction ne paraîtrait pas être développable (¹) suivant les puissances de ses variables.

§ 3. — La représentation d'une fonction, à l'aide de l'opération symbolique G, qui nous permet de poser pour toute fonction :

(9) $$\varphi(x+a, y+b, z+c, \ldots) = Ge^{au+bv+cw\ldots}$$

présente le grand avantage d'exprimer, sous une même forme généralisatrice, non seulement la fonction elle-même mais tout coefficient différentiel ou toute intégrale de cette fonction par rapport aux variables $a, b, c, \ldots$ ou $x, y, z, \ldots$ par une opération algébrique qui consiste à multiplier le second membre, sous le signe G, par certaines puissances positives ou négatives de $u, v, w, \ldots$ On déduit en effet de l'égalité précédente :

$$\frac{d\varphi}{da} = \frac{d\varphi}{dx} = Gue^{au+bv+cw+\ldots} \quad \frac{d\varphi}{db} = \frac{d\varphi}{dy} = Gve^{au+bv+cw+\ldots} \text{ etc.}$$

$$\int \varphi dx = G\,\frac{e^{au+bv+cw+\ldots}}{u} \qquad \iint \varphi dx dy = G\,\frac{e^{au+bv+cw+\ldots}}{uv}$$

(¹) Pour comprendre qu'une fonction quelconque uniforme $\Psi(u, v, w, \ldots)$ peut, dans tous les cas, être considérée comme développable suivant les puissances de ses variables, soient $\alpha, \beta, \gamma, \ldots$ des constantes, en posant $u-\alpha=p$, $v-\beta=q$, $w-\gamma=\upsilon, \ldots$ nous pourrons écrire l'identité :

$$\Psi(u, v, w, \ldots) = \Psi(\alpha+p, \beta+q, \gamma+\upsilon, \ldots)$$

si, maintenant, nous développons le second membre suivant les puissances de $p, q, \upsilon, \ldots$ à l'aide du théorème de Taylor et si nous remplaçons dans le résultat $p, q, \upsilon, \ldots$ par leurs valeurs $u-\alpha$, $v-\beta$, $w-\gamma, \ldots$ la fonction proposée pourra être considérée comme virtuellement développée suivant les puissances de ses variables.

$$\frac{d^{m+n}\varphi}{da^m db^n} = \frac{d^{m+n}\varphi}{dx^m dy^n} = \mathrm{G}u^m v^n e^{au+bv+cw+\cdots}$$

$$\int^{(m)}\int^{(n)} \varphi dx^m dy^n = \mathrm{G}\frac{e^{au+bv+cw\cdots}}{u^m v^n}$$

Nous pouvons faire remarquer que si, dans l'identité (9), nous posons $a = o, b = o, c = o, \ldots$ nous aurons, en restituant dans le second nombre le facteur $e^{xu+yv+zw+\cdots}$, par lequel la fonction doit toujours être préalablement multipliée

$$\varphi(x, y, z, \ldots) = \mathrm{G}e^{xu+yv+zw+\cdots}$$

nous reconnaissons ainsi que toute fonction de $x, y, z, \ldots$ peut toujours être représentée par l'expression symbolique $\mathrm{G}e^{xu+yv+zw+\cdots}$

De même qu'à l'aide du calcul de généralisation, on peut déduire d'une première identité une seconde plus générale, nous pourrons, en opérant en sens inverse, passer d'une relation renfermant une fonction quelconque à une relation plus simple en substituant une valeur particulière à cette fonction, ou plus simplement en supprimant le signe G; nous désignerons cette opération sous le nom de *dégénéralisation*.

§ **4**. — Eclaircissons ce que nous venons de dire par quelques exemples. Soit l'identité

$$e^{au} = 1 + \frac{au}{1} + \frac{a^2u^2}{1.2} + \ldots + \frac{a^nu^n}{1.2.3\ldots n} + \ldots$$

En définissant la fonction φ à l'aide de l'égalité

$$\mathrm{G}e^{au} = \varphi(x + a),$$

nous déduirons de cette équation

$$\mathrm{G}1 = \varphi(x), \ \mathrm{G}u = \varphi'(x), \ \mathrm{G}u^2 = \varphi''(x), \ \ldots \ \mathrm{G}u^n = \varphi^{(n)}(x),$$

il en résultera

$$\varphi(x + a) = \varphi(x) + \varphi'(x)\frac{a}{1} + \varphi''(x)\frac{a^2}{1.2} + \ldots + \varphi^{(n)}(x)\frac{x^n}{1.2.3\ldots n} + \ldots$$

c'est le théorème de Taylor.

Réciproquement. Si, dans cette dernière relation nous posons $\varphi(x) = e^{xu}$ nous obtiendrons

$$\varphi(x + a) = e^{(x+a)u}, \ \varphi'(x) = ue^{xu}, \ \varphi''(x) = u^2e^{xu}, \ \ldots \ \varphi^{(n)}(x) = u^ne^{xu}$$

ces valeurs, mises dans la formule de Taylor, donnent en supprimant le facteur commun e^{xu} le développement de e^{au} en série.

§ **5**. — *Soit proposé de déterminer la fonction* $\Psi(x, y)$ *qui satisfait à* *d'équation aux différences finies* ou, en d'autres termes, *proposons-nous d'intégrer l'équation linéaire*

$$\Psi(x, y) - a\Psi(x - 1, y + 1) = 0.$$

Nous pouvons admettre que cette relation a été obtenue par la généralisation d'une identité qu'il nous est facile de déterminer.

Comme toute fonction de deux variables peut être exprimée par l'expression généralisatrice $Ge^{xu + yv}$ posons :

$$\Psi(x, y) = Ge^{xu + yv}.$$

Cette valeur mise dans l'équation proposée donne :

$$Ge^{xu + yv}\left(1 - ae^{-u + v}\right) = 0,$$

en supprimant le facteur $e^{xu + yv}$ et en dégénéralisant nous obtiendrons :

$$1 - ae^{-u + v} = 0,$$

relation dont on déduit

$$e^u = ae^v,$$

élevant les deux membres de cette équation à la puissance x, puis, en les multipliant par e^{yv} nous aurons :

$$e^{xu + yv} = a^x e^{(x + y)v},$$

identité qui, généralisée, donne l'intégrale de l'équation proposée

$$\Psi(x, y) = a^x \varphi(x + y),$$

φ désignant une fonction arbitraire.

On pourrait supposer, au premier abord, que cette expression ne présente pas l'intégrale complète en remarquant que l'équation $1 - a^{-u + v} = 0$ résolue par rapport à e^v donne

$$e^v = \frac{e^u}{a}.$$

en élevant les deux membres de cette égalité à la puissance y et en les multiplant par e^{xu} nous aurons

$$e^{xu + yv} = a^{-y} e^{(x + y)u},$$

et par suite en généralisant

$$Ge^{xu + yv} = \Psi(x, y) = a^{-y}\theta(x + y),$$

θ désignant une fonction arbitraire.

C'est une nouvelle intégrale de l'équation proposée, mais il est facile de reconnaître qu'elle ne diffère pas de la valeur de $a^x\varphi(x+y)$ en remarquant qu'on peut l'écrire sous la forme $a^x\{a^{-(x+y)}\theta(x+y)\}$.

§ 6. — *Soit proposé d'intégrer l'équation linéaire*

$$\frac{dz}{dx}+a\frac{dz}{dy}=bz.$$

Comme z est une fonction inconnue de x et y, nous pouvons en exprimer la valeur par

$$z=\mathrm{G}e^{xu+yv},$$

puisque toute fonction à deux variables peut se mettre sous cette forme.

Cette valeur de z substituée dans l'équation proposée donnera

$$\mathrm{G}e^{xu+yv}(u+av-b)=o,$$

en dégénéralisant cette expression et en supprimant le facteur e^{xu+yv}, nous obtiendrons

$$u+av-=ob.$$

Cette relation entre u et v nous permet d'établir l'équation suivante

$$e^{u+av-b}=1,$$

dont on déduit

$$e^u=e^{b-av},$$

élevant les deux membres de cette équation à la puissance x et en les multipliant par e^{yv} il en résultera :

$$e^{xu+yv}=e^{bx+(y-ax)v},$$

par suite la valeur de z sera exprimée en généralisant les deux membres ; nous aurons donc

$$z=\mathrm{G}e^{xu+yv}=e^{bx}\mathrm{G}e^{(y-ax)v}=e^{bx}\Psi(y-ax),$$

l'intégrale de l'équation proposée sera représentée par cette valeur, Ψ désignant une fonction arbitraire.

§ 7. — Enfin, comme dernier exemple, considérons la *fonction généralisatrice des nombres de Bernoulli* :

$$\frac{ue^u}{e^u-1}=e^{\mathrm{B}u}=1+\mathrm{B}_1u+\mathrm{B}_2\frac{u^2}{1.2}+\mathrm{B}_3\frac{u^4}{1.2.3.4}+\ldots$$

nous en déduirons en remplaçant u par hu

$$hue^{hu}=e^{(h+\mathrm{B}h)u}-e^{\mathrm{B}hu},$$

en posant $\mathrm{G}e^{xu} = \mathrm{F}(x)$ comme équation de définition de la fonction $\mathrm{F}(x)$, et, en généralisant les deux termes de cette identité nous obtiendrons

$$\mathrm{F}(x + h + \mathrm{B}h) - (\mathrm{F}(x + \mathrm{B}h) = h\mathrm{F}'(x + h),$$

c'est la *formule fondamentale* de la théorie des nombres de Bernoulli.

En multipliant les deux membres de l'identité $\frac{ue^u}{e^u - 1} = e^{\mathrm{B}u}$ par $e^{nu} - 1$ nous aurons

$$\frac{ue^u(e^{nu} - 1)}{e^u - 1} = u\left\{e^u + e^{2u} + e^{3u} + \ldots + e^{nu}\right\} = e^{(n + \mathrm{B})u} - e^{\mathrm{B}u},$$

généralisant les deux membres, en posant $\mathrm{G}e^{xu} = f(x)$, nous aurons :

$$f'(1) + f'(2) + f'(3) + \ldots + f'(n) = f(n + \mathrm{B}) - f(\mathrm{B}),$$

c'est la *formule sommatoire* donnée par Mac-Laurin.

Nous allons dans les paragraphes qui vont suivre passer au calcul de généralisation proprement dit, en déterminant la valeur de l'expression $\mathrm{G}\Psi(u, v, w, \ldots)$ représentée par le développement de

$$\Psi(\mathrm{D}_x, \mathrm{D}_y, \mathrm{D}_z, \ldots)\varphi(x, y, z, \ldots)$$

la fonction φ étant définie par la relation

$$\varphi(x + a, y + b, z + c, \ldots) = \mathrm{G}e^{au + bv + cw + \ldots}$$

Nous montrerons ensuite quelques applications très-importantes qu'on peut faire de ce calcul.

CHAPITRE II

GÉNÉRALISATION DES FONCTIONS D'UNE SEULE VARIABLE

§ **8.** — Considérons une fonction $\Psi(u)$ ne renfermant qu'une seule variable de généralisation et proposons-nous de déterminer la valeur de $G\Psi(u)$ représentée par $\Psi(D_x)\,\varphi(x)$.

Si nous considérons la fonction φ comme définie par l'identé

$$\varphi(x+a) = Ge^{au}, \tag{1}$$

on comprendra aisément que la valeur de $G\Psi(u)$ doit être directement ou indirectement déduite de cette relation.

C'est ainsi qu'en différentiant cette équation par rapport à a nous en déduirons

$$Ge^{au}u = \frac{d}{da}\varphi(x+a) = \frac{d}{dx}\varphi(x+a),$$

$$Ge^{au}u^2 = \frac{d^2}{da^2}\varphi(x+a) = \frac{d^2}{dx^2}\varphi(x+a),$$

et généralement

$$Ge^{au}u^n = \frac{d^n}{da^n}\varphi(x+a) = \frac{d^n}{dx^n}\varphi(x+a),$$

et, en posant dans ces identités $a = o$, nous aurons

$$G1 = \varphi(x),\ Gu = \varphi'(x),\ Gu^2 = \varphi''(x), \dots\ Gu^n = \varphi^n(x). \tag{2}$$

Si dans l'identité (1) nous posons successivement $a = y\sqrt{-1}$ et $a = -y\sqrt{-1}$ nous en déduirons

$$Ge^{yu\sqrt{-1}} = \varphi(x + y\sqrt{-1}),$$
$$Ge^{-yu\sqrt{-1}} = \varphi(x - y\sqrt{-1}),$$

et par conséquent

$$G\sin yu = G\,\frac{e^{yu\sqrt{-1}} - e^{-yu\sqrt{-1}}}{2\sqrt{-1}} = \frac{1}{2\sqrt{-1}}\left\{\varphi(x+y\sqrt{-1}) - \varphi(x-y\sqrt{-1})\right\}$$

$$G\cos yu = G\frac{e^{yu\sqrt{-1}}+e^{-yu\sqrt{-1}}}{2} = \frac{1}{2}\left\{\varphi(x+y\sqrt{-1})+\varphi(x-y\sqrt{-1})\right\}$$

à l'aide de ces deux formules nous aurons en remarquant que

$$\cos y(v-u) = \cos yv \cos yu + \sin yv \sin yu,$$

la relation

$$(3)\quad G\cos y(v-u) = \frac{1}{2}\left\{\varphi(x+y\sqrt{-1})e^{-yv\sqrt{-1}}+\varphi(x-y\sqrt{-1})e^{yv\sqrt{-1}}\right\}$$

§ 9. — Pour déterminer, d'une manière générale, la valeur de l'expression $G\Psi(u)$ lorsqu'on prend comme équation de définition l'équation

$$(1)\qquad Ge^{au} = \varphi(x+a).$$

Considérons l'intégrale connue

$$e^{-hu} = \frac{2}{\pi}\int_0^\infty \cos hydy\,\frac{u}{y^2+u^2},$$

en remarquant que

$$\frac{u}{u^2+y^2} = \int_0^\infty e^{-tu}\cos tydt,$$

dans laquelle h a une valeur essentiellement positive, nous obtiendrons la relation.

$$(2)\qquad e^{-hu} = \frac{2}{\pi}\int_0^\infty\int_0^\infty e^{-tu}\,hy\cos tydydt,$$

En généralisant les deux membres de cette identité par rapport à u, nous en déduirons en prenant l'égalité (1) comme équation de définition

$$(3)\qquad \varphi(x-h) = \frac{2}{\pi}\int_0^\infty\int_0^\infty \varphi(x-t)\cos hy\cos tydydt.$$

Nous trouverons de même, en partant de l'intégrale connue

$$e^{-hu} = \frac{2}{\pi}\int_0^\infty \sin hydy\,\frac{y}{y^2+u^2},$$

dans laquelle h a également une valeur positive et en remarquant que

$$\frac{y}{y^2+u^2} = \int_0^\infty e^{-tu}\sin tydt,$$

la relation

$$(4) \qquad e^{-hu} = \frac{2}{\pi} \int_0^\infty \int_0^\infty e^{-tu} \sin hy \sin tydydt.$$

et en généralisant

$$(5) \qquad \varphi(x-h) = \frac{2}{\pi} \int_0^\infty \int_0^\infty \varphi(x-t) \sin hy \sin tydydt.$$

Ces formules (3) et (5) que nous pouvons écrire sous les formes

$$\varphi(h) = \frac{2}{\pi} \int_0^\infty \int_0^\infty \varphi(t) \cos hy \sin tydydt,$$

$$\varphi(h) = \frac{2}{\pi} \int_0^\infty \int_0^\infty \varphi(t) \sin hy \sin tydydt.$$

La première de ces formules exige $\varphi(-h) = \varphi(h)$ et la seconde que $\varphi(h) = -\varphi(-h)$ et réciproquement ; si l'on emploie ces formules le second membre se formera par les valeurs de $\varphi(h)$ relatives à h positif, et quelles que soient les valeurs de $\varphi(-h)$ d'après la nature de la fonction $\varphi(h)$, ces valeurs donneront pour h négatif, $\varphi(h)$ pour la première et $-\varphi(h)$ pour la seconde

En supposant, dans ces formules (3) et (5), la fonction $\varphi(x)$ égale à une quantité constante il en résulte les deux intégrales

$$(6) \qquad \int_0^\infty \int_0^\infty \cos hy \cos tydydt = \frac{\pi}{2}.$$

$$(7) \qquad \int_0^\infty \int_0^\infty \sin hy \sin tydydt = \frac{\pi}{2}.$$

Maintenant, si nous posons dans la formule (2) $u = u + v$ nous aurons :

$$e^{-hu-hv} = \frac{2}{\pi} \int_0^\infty \int_0^\infty e^{-tu-tv} \cos hy \cos tydydt.$$

En généralisant cette nouvelle identité, d'abord par rapport à u en prenant comme équation de définition l'égalité (1) puis, par rapport à v, en prenant $Ge^{av} = \chi(z + a)$ comme équation de définition, nous obtiendrons :

$$\varphi(x - h)\,\chi(z - h) = \frac{2}{\pi}\int_0^\infty\int_0^\infty \varphi(x - t)\,\chi(z - t)\cos ht \cos ytdydt,$$

cette formule combinée avec la formule (3) nous donne

$$\chi(z - h)\int_0^\infty\int_0^\infty \varphi(x - t)\cos hy \cos tydydt =$$

$$= \int_0^\infty\int_0^\infty \varphi(x - t)\,\chi(z - t)\cos hy \cos tydydt.$$

relation qui montre qu'on peut dans l'expression

$$\int_0^\infty\int_0^\infty \cos hy \cos ty\varphi(x - t)\chi(z - t)dydt$$

faire sortir de l'intégrale un facteur $\chi(z - t)$ pourvu que l'on remplace la variable t par h et, réciproquement, on peut faire passer un facteur $\chi(z - h)$ sous les signes d'intégration en remplaçant h par t.

En partant de la formule (4) nous arriverons à la même conséquence pour l'intégale

$$\int_0^\infty\int_0^\infty \varphi(x - t)\chi(z - t)\sin hy \sin tydydt.$$

Cela posé, si dans l'identité

$$\Psi(h) = \frac{\Psi(h) + \Psi(-h)}{\pi}\frac{\pi}{2} + \frac{\Psi(h) - \Psi(-h)}{\pi}\frac{\pi}{2}$$

nous remplaçons $\frac{\pi}{2}$ par les formules (6) et (7) nous aurons

$$\Psi(h) = \frac{\Psi(h) + \Psi(-h)}{\pi}\int_0^\infty\int_0^\infty \cos hy \cos tydydt +$$

$$+ \frac{\Psi(h) - \Psi(-h)}{\pi}\int_0^\infty\int_0^\infty \sin hy \sin tydydt$$

que nous pouvons écrire, en faisant passer les facteurs $\Psi(h) + \Psi(-h)$ et $\Psi(h) - \Psi(-h)$ sous les signes d'intégration

$$\Psi(h) = \frac{1}{\pi}\int_0^{\infty}\int_0^{\infty}\left\{\Psi(t) + \Psi(-t)\right\}\cos hy \cos ty dy dt +$$

$$+ \frac{1}{\pi}\int_0^{\infty}\int_{-0}^{\infty}\left\{\Psi(t) - \Psi(-t)\right\}\sin hy \sin ty dy dt$$

égalité que nous pourrons mettre sous la forme

$$\Psi(h) = \frac{1}{\pi}\int_0^{\infty}\left[\int_{\infty}^{\infty}\Psi(t)\cos y(t - h)dt\right]dy$$

c'est la formule de Fourier. Elle s'étend à toutes les valeurs réelles positives ou négatives de la variable h et convient généralement à une fonction quelconque, continue ou discontinue; une condition essentielle à laquelle est assujettie la fonction consiste en ce qu'elle n'ait qu'une seule valeur pour chacune des valeurs de sa variable.

En remplaçant dans cette formule, h par u et t par v nous en déduirons par généralisation à l'aide de la formule (3) du paragraphe précédent

$$(8) \qquad G\Psi(u) = \frac{1}{4\pi}\int_{-\infty}^{\infty}\int_{-\infty}^{\infty}\Psi(v)\varphi(x + y\sqrt{-1})e^{-yv\sqrt{-1}}dv dy$$

que nous pouvons écrire

$$(9) \quad G\Psi(u) = \begin{cases} \dfrac{1}{2\pi\sqrt{-1}}\displaystyle\int_0^{\infty}\int_0^{\infty}\left\{\Psi(v) - \Psi(-v)\right\}\left\{\varphi(x + y\sqrt{-1}) - \right. \\ \qquad\qquad \left. - \varphi(x - y\sqrt{-1})\right\}\sin yv dv dy \\ \dfrac{1}{2\pi}\displaystyle\int_0^{\infty}\int_0^{\infty}\left\{\Psi(v) + \Psi(-v)\right\}\left\{\varphi(x + y\sqrt{-1}) + \right. \\ \qquad\qquad \left. + \varphi(x - y\sqrt{-1})\right\}\cos yv dv dy. \end{cases}$$

Appliquons cette formule à quelques exemples :

Si nous posons $\Psi(u) = \cos au^2$ nous aurons

$$G\cos au^2 = \frac{1}{\pi}\int_0^{\infty}\left\{\varphi(x + y\sqrt{-1}) + \varphi(x - y\sqrt{-1})\right\}dy\int_0^{\infty}\cos av^2 \cos yv dv$$

qui pourra à l'aide de l'intégrale connue

$$\int_0^\infty \cos av^2 \cos yv dv = \frac{1}{2}\sqrt{\frac{\pi}{2a}} \left\{ \cos \frac{y^2}{4a} + \sin \frac{y^2}{4a} \right\}$$

s'écrire sous la forme

$$(10) \quad G \cos au^2 = \sqrt{\frac{a}{2\pi}} \int_0^\infty \left\{ \cos ay^2 + \sin ay^2 \right\} \left\{ \varphi(x + 2ay\sqrt{-1}) + \varphi(x - 2ay\sqrt{-1}) \right\}.$$

Si nous posons $\Psi(u) = \sin au^2$ nous obtiendrons par un calcul identique à l'aide de l'intégrale connue

$$\int_0^\infty \sin av^2 \cos yv dv = \frac{1}{2}\sqrt{\frac{\pi}{2a}} \left\{ \cos \frac{y^2}{4a} - \sin \frac{y^2}{4a} \right\}$$

la relation

$$(11) \quad G \sin au^2 = \sqrt{\frac{a}{2\pi}} \int_0^\infty \left\{ \cos ay^2 - \sin ay^2 \right\} \left\{ \varphi(x + 2ay\sqrt{-1}) + \varphi(x - 2ay\sqrt{-1}) \right\} dy.$$

2° soit $\Psi(u) = e^{-au^2}$ nous aurons

$$Ge^{-au^2} = \frac{1}{\pi} \int_0^\infty \left\{ \varphi(x + y\sqrt{-1}) + \varphi(x - y\sqrt{-1}) \right\} dy \int_0^\infty e^{-av^2} \cos yv dv$$

en remarquant que

$$\int_0^\infty e^{-av^2} \cos yv dv = \frac{1}{2}\sqrt{\frac{\pi}{a}}\, e^{-\frac{y^2}{4a}}$$

nous obtiendrons en remplaçant y par $2\sqrt{a}y$

$$(12) \quad Ge^{-au^2} = \frac{1}{\sqrt{\pi}} \int_{-\infty}^\infty e^{-y^2} \varphi(x + 2y\sqrt{a}\sqrt{-1}) dy,$$

en changeant dans cette expression a en $-a$ et y en $-y$ nous trouverons

$$(13) \quad Ge^{au^2} = \frac{1}{\sqrt{\pi}} \int_{-\infty}^\infty e^{-y^2} \varphi(x + 2\sqrt{a}y) dy.$$

3° soit $\Psi(u)=\dfrac{e^{au}+e^{-au}}{e^{bu}+e^{-bu}}$ nous aurons en remplaçant l'intégrale du second membre

$$\int_0^\infty \frac{e^{av}+e^{-av}}{e^{bv}+e^{-bv}}\cos yv dv$$

par sa valeur

$$\int_0^\infty \frac{e^{av}+e^{-av}}{e^{bv}+e^{-bv}}\cos yv dv=\frac{\pi}{b}\,\frac{e^{\frac{\pi y}{2b}}+e^{-\frac{\pi y}{2b}}}{e^{\frac{\pi y}{b}}+e^{-\frac{\pi y}{b}}+2\cos\frac{a\pi}{b}},$$

la relation

$$(14)\quad G\,\frac{e^{au}+e^{-au}}{e^{bu}+e^{-bu}}=\int_0^\infty \frac{e^{\frac{\pi y}{2}}+e^{-\frac{\pi y}{2}}}{e^{\pi y}+e^{-\pi y}+2\cos\frac{a\pi}{b}}\left\{\varphi(x+by\sqrt{-1})+\right.$$
$$\left.+\varphi(x-by\sqrt{-1})\right\}dy.$$

4° soit $\Psi(u)=\dfrac{e^{au}-e^{-au}}{e^{bu}+e^{-bu}}$ nous aurons de même

$$(15)\quad G\,\frac{e^{au}-e^{-au}}{e^{bu}+e^{-bu}}=\frac{1}{\sqrt{-1}}\int_0^\infty \frac{e^{\frac{\pi y}{2}}-e^{-\frac{\pi y}{2}}}{e^{\pi y}+e^{-\pi y}+2\cos\frac{a\pi}{b}}\left\{\varphi(x+by\sqrt{-1})-\right.$$
$$\left.-\varphi(x-by\sqrt{-1})\right\}dy.$$

5° soit $\Psi(u)=\dfrac{e^{au}+e^{-au}}{e^{bu}-e^{-bu}}$ il en résultera

$$(16)\quad G\,\frac{e^{au}+e^{-au}}{e^{bu}-e^{-bu}}=\frac{1}{2\sqrt{-1}}\int_0^\infty \frac{e^{\pi y}-e^{-\pi y}}{e^{\pi y}+e^{-\pi y}+2\cos\frac{\pi a}{b}}\left\{\varphi(x+by\sqrt{-1})-\right.$$
$$\left.-\varphi(x-by\sqrt{-1})\right\}dy.$$

6° soit encore $\Psi(u)=\dfrac{e^{au}-e^{-au}}{e^{bu}-e^{-bu}}$ nous trouverons de même

$$(17)\quad G\,\frac{e^{au}-e^{-au}}{e^{bu}-e^{-bu}}=\int_0^\infty \frac{\sin\frac{a\pi}{b}}{e^{\pi y}+e^{-\pi y}+2\cos\frac{a\pi}{b}}\left\{\varphi(x+by\sqrt{-1})+\right.$$
$$\left.\varphi(x-by\sqrt{-1})\right\}dy.$$

Si, dans la formule (14), nous posons $a = o$ et $b = a$ nous en déduirons comme cas particulier

$$G\frac{1}{e^{au}+e^{-au}} = \frac{1}{2}\int_{-\infty}^{\infty}\frac{\varphi(x+ay\sqrt{-1})}{e^{\frac{\pi y}{2}}+e^{-\frac{\pi y}{2}}}dy,$$

et en supposant $a = a\sqrt{-1}$ nous aurons

$$(18) \qquad G\frac{1}{\cos au} = \int_{-\infty}^{\infty}\frac{\varphi(x+at)}{e^{\frac{\pi t}{2}}+e^{-\frac{\pi t}{2}}}dt.$$

Si dans la formule (16) nous posons $a = o$ et $b = a$ nous aurons comme cas particulier

$$G\frac{1}{e^{au}-e^{-au}} = \frac{1}{4\sqrt{-1}}\int_{-\infty}^{\infty}\frac{e^{\pi y}-1}{e^{\pi y}+1}\varphi(x+ay\sqrt{-1})dy,$$

Nous devons faire remarquer qu'on arriverait à un résultat erroné si l'on posait dans cette formule $a = a\sqrt{-1}$. On reconnaît ainsi qu'il existe des fonctions pour lesquelles la formule de Fourier n'est pas applicable.

7° Si nous posons successivement $\Psi(u) = \frac{1}{a^2+b^2u^2}$ et $\Psi(u) = \frac{1}{a^2-b^2u^2}$ nous aurons

$$(19) \qquad G\frac{1}{a^2+b^2u^2} = \frac{1}{\pi}\int_0^{\infty}\left[\varphi(x+y\sqrt{-1})+\varphi(x-y\sqrt{-1})\right]\int_0^{\infty}\frac{\cos yvdv}{a^2+b^2v^2}$$

$$(20) \qquad G\frac{1}{a^2-b^2u^2} = \frac{1}{\pi}\int_0^{\infty}\left[\varphi(x+y\sqrt{-1})+\varphi(x-y\sqrt{-1})\right]\int_0^{\infty}\frac{\cos yvdv}{a^2-b^2v^2}$$

§ **10**. — Bien que les formules (8) et (9) du paragraphe précédent nous fassent reconnaître que, d'une manière générale, nous pouvons faire dépendre la détermination de $G\Psi(u)$ d'une intégrale double ; il sera, dans la plupart des cas, plus simple de chercher à obtenir directement la généralisation d'une fonction. Nous pouvons, pour y parvenir, établir un principe d'une grande utilité que nous désignerons, vu son importance, sous le nom de *généralisation par facteurs*.

Ce procédé très simple permet de déduire la valeur de $G\Psi(u)\chi(u)\ldots\theta(u)$ de la valeur de ses facteurs généralisés $G\Psi(u)$, $G\chi(u)$,... $G\theta(u)$.

Considérons, en premier lieu, le cas de deux facteurs $G\Psi(u)\chi(u)$.

Si l'on remarque que l'on peut poser

$$
\begin{aligned}
&G\Psi(u)\chi(u) = \Psi(D_x)\chi(D_x)\varphi(x) \\
(a) \qquad &G\Psi(u) = \Psi(D_x)\varphi(x) \\
&G\chi(u = \chi(D_x)\varphi(x).
\end{aligned}
$$

Nous pourrons dans l'identité (a), après la généralisation, substituer à la fonction $\varphi(x)$ la fonction $\lambda(x)$ exprimée par

$$\lambda(x) = G\chi(u) = \chi(D_x)\varphi(x)$$

il en résultera comme valeur du second membre

$$\Psi(D_x)\chi(D_x)\varphi(x)$$

qui est précisément la valeur de $G\Psi(u)\chi(u)$.

Il résulte de là que, pour calculer la valeur de $G\Psi(u)\chi(u)$, il suffira de déterminer la valeur de $G\Psi(u)$ en y remplaçant φ par λ, puis de déterminer la valeur de $\lambda(x)$ à l'aide de l'équation

$$\lambda(x) = G\chi(u)$$

l'élimination de la fonction λ entre les deux équations

$$
\begin{aligned}
G\Psi(u) &= F\big(\lambda(x + K)\big) \\
\lambda(x) = G\chi(u) &= F_1\big(\varphi(x + K_1)\big)
\end{aligned}
$$

donnera la valeur de $G\Psi(u)\chi(u) = FF_1\varphi(x + K + K_1)$.

On peut arriver au même résultat à l'aide du théorème de Mac-Laurin en posant

$$
\begin{aligned}
\Psi(u)\chi(u) = \Psi(o)\chi(o) &+ \Big[\Psi(o)\chi'(o) + \chi(o)\Psi'(o)\Big]\frac{u}{1} + \\
&+ \Big[\Psi(o)\chi''(o) + 2\Psi'(o)\chi'(o) + \Psi''(o)\chi(o)\Big]\frac{u^2}{1,2} + \dots
\end{aligned}
$$

Nous en déduirons par la généralisation

$$
\begin{aligned}
G\Psi(u)\chi(u) = \Psi(o)\chi(o)\varphi(x) &+ \Big[\Psi(o)\chi'(o) + \chi(o)\Psi'(o)\Big]\frac{\varphi'(x)}{1} + \\
(b) \qquad &+ \Big[\Psi(o)\chi''(o) + 2\Psi'(o)\chi'(o) + \Psi''(o)\chi(o)\Big]\frac{\varphi''(x)}{12} + \dots
\end{aligned}
$$

Cela posé, si nous remarquons qu'en substituant dans l'expression

$$G\Psi(u) = \Psi(o)\varphi(x) + \Psi'(o)\frac{\varphi'(x)}{1} + \Psi''(o)\frac{\varphi''(x)}{1,2} + \dots$$

pour $\varphi(x)$ la valeur $\lambda(x)$ ce que nous exprimerons par

$$G\Psi(u)^{\lambda}\,\varphi = = \Psi(o)\lambda(x) + \Psi'(o)\frac{\lambda'(x)}{1} + \Psi''(o)\frac{\lambda''(x)}{1,2} + \dots$$

on remplace $\lambda(x)$ par la valeur

$$G\chi(u) = \lambda(x) = \chi(o)\varphi(x) + \chi'(o)\frac{\varphi'(x)}{1} + \chi''(o)\frac{\varphi''(x)}{1,2} + \ldots$$

nous obtiendrons le second membre de l'équation (b).

On reconnaît ainsi que, si l'on avait à déterminer la valeur de

$$G\Psi(u)\chi(u)\ldots\theta(u)$$

il suffirait, comme conséquence de ce que nous venons de dire, d'éliminer les fonctions λ, μ,...ρ entre les identités suivantes

$$G\Psi(u) = F\left\{\lambda(x + K)\right\}$$
$$\lambda(x) = G\chi(u) = F_1\left\{\mu(x + K_1)\right\}$$
$$\ldots\ldots\ldots\ldots$$
$$\rho(x) = G\theta(u) = F_n\left\{\varphi(x + K_n)\right\}$$

en supposant tous les facteurs égaux à $\Psi(u)$ nous pourrons faire dépendre la valeur de $G(\Psi(u))^n$ de celle de $G\Psi(u)$.

Comme exemple de généralisation par facteurs, déterminons la valeur de

$$Ge^{-\frac{u^2}{4q^2}}\cos au.$$

Nous aurons immédiatement

$$G\cos au = \frac{1}{2}\left\{\lambda(x + a\sqrt{-1}) + \lambda(x - a\sqrt{-1}\right)$$

et à l'aide de la formule (12) du § 9

$$\lambda(x) = Ge^{-\frac{u^2}{4q^2}} = \frac{q}{2\sqrt{\pi}}\int_{-\infty}^{\infty} e^{-q^2t^2}\varphi(x + t\sqrt{-1})dt$$

et par conséquent

$$(1)\quad Ge^{-\frac{u^2}{4q^2}}\cos au = \frac{q}{\sqrt{\pi}}\int_{-\infty}^{\infty} e^{-q^2t^2}\left\{\varphi(x + (t + a)\sqrt{-1}) + \right.$$
$$\left. + \varphi(x + (t - a)\sqrt{-1})\right\}dt.$$

Si l'on remarque que l'on a identiquement

$$\int_{-\infty}^{\infty} e^{-q^2t^2}\varphi(x + (t - a)\sqrt{-1})dt = \int_{-\infty}^{\infty} e^{-q^2t^2}\varphi(x - (t + a)\sqrt{-1})dt,$$

en changeant t en $-t$, nous pourrons écrire l'égalité précédente sous la forme

$$(2)\quad Ge^{-\frac{u^2}{4q^2}}\cos au = \frac{q}{2\sqrt{\pi}}\int_{-\infty}^{\infty} e^{-q^2t^2}\left\{\varphi(x+(t+a)\sqrt{-1}) + \right.$$

$$\left. + \varphi(x-(t+a)\sqrt{-1})\right\} dt = \frac{q}{\sqrt{\pi}}\int_{-\infty}^{\infty} e^{-q^2t^2}G\cos(t+a)udt,$$

en dégénéralisant cette identité, nous obtiendrons l'intégrale

$$(3)\qquad \int_{-\infty}^{\infty} e^{-q^2t^2}\cos(t+a)udt = \frac{\sqrt{\pi}}{q}e^{-\frac{u^2}{4q^2}}\cos au.$$

Nous trouverons de même, en généralisant par facteurs l'expression

$$Ge^{-\frac{u^2}{4q^2}}\sin au$$

$$(4)\qquad \int_{-\infty}^{\infty} e^{-q^2t^2}\sin(t+a)udt = \frac{\sqrt{\pi}}{q}e^{-\frac{u^2}{4q^2}}\sin au$$

ces intégrales (3) et (4) sont déjà connues.

Soit proposé de généraliser par facteurs l'expression

$$G\frac{1}{(a+bu)(a_1+b_1u)\ldots\ldots(a_n+b_nu)}.$$

Si l'on remarque que l'intégrale

$$\frac{1}{a+bu} = \int_0^{\infty} e^{-(a+bu)t}dt$$

nous donne, en généralisant les deux membres

$$G\frac{1}{a+bu} = \int_0^{\infty} e^{-at}\varphi(x-bt)dt$$

nous devrons écrire la suite

$$G\frac{1}{a+bu} = \int_0^{\infty} e^{-at}\lambda(x-bt)dt$$

$$G\frac{1}{a_1+b_1u}=\int_0^\infty e^{-a_1v}\,\mu(x-b_1v)dv$$

. . . .

$$G\frac{1}{a_n+b_nu}=\int_0^\infty e^{-a_nz}\,\varphi(x-b_nz)dz,$$

nous obtiendrons ainsi :

$$G\frac{1}{(a+bu)(a_1+b_1u)\dots(a_n+b_nu)}=$$

$$=\int_0^\infty\int_0^\infty\dots\int_0^\infty e^{-at-a_1v-\dots-a_nz}\,\varphi(x-bt-b_1v-\dots b_nz)dtdv\dots dz.$$

La généralisation par facteurs peut conduire à la détermination de certaines intégrales multiples.

On déduit de l'intégrale

$$\frac{1}{u}=\int_0^\infty e^{-tu}\,dt$$

en en différentiant $n-1$ fois les deux membres par rapport à u

$$\frac{1}{u^n}=\frac{1}{\Gamma(n)}\int_0^\infty e^{-tu}\,t^{n-1}\,dt$$

en posant $u=a+u$ et en généralisant nous aurons

$$G\frac{1}{(a+u)^n}=\frac{1}{\Gamma(n)}\int_0^\infty e^{-at}\,t^{n-1}\,\varphi(x-t)dt$$

Cela posé, considérons l'identité

$$\frac{1}{(a+u)^n}=\frac{1}{(a+u)^{n-m}}\times\frac{1}{(a+u)^{m-p}}\times\dots\dots\frac{1}{(a+u)^{s-r}}\times\frac{1}{(a+u)^r}$$

et généralisons-en les deux membres à l'aide de la formule précédente, nous obtiendrons

$$G\frac{1}{(a+u)^{n-m}}=\frac{1}{\Gamma(u-m)}\int_0^\infty e^{-av}\,v^{n-m-1}\,\lambda(x-v)dv$$

$$\lambda(x) = G\frac{1}{(a+u)^{m-p}} = \frac{1}{\Gamma(m-p)}\int_0^\infty e^{-az}\, z^{m-p-1}\, \mu(x-z)dz$$

. . . .

$$\rho(x) = G\frac{1}{(a+u)^{r}} = \frac{1}{\Gamma(r)}\int_0^\infty e^{-as}\, s^{r-1}\, \varphi(x-s)ds$$

en désignant par K le nombre des facteurs du second nombre, la généralisation par facteurs donnera :

$$\int_0^\infty{}^{\kappa} e^{-a(v+z+\ldots+s)}\, v^{n-m-1}\, z^{m-p-1}\ldots s^{r-1}\, \varphi\big(x-(v+z+\ldots+s)\big)dvdz\ldots ds =$$

$$= \frac{\Gamma(n-m)\Gamma(m-p)\ldots\Gamma(r)}{\Gamma(n)}\int_0^\infty e^{-at}\, t^{n-1}\, \varphi(x-t)dt$$

formule dont on déduit lorsque tous les facteurs sont égaux, en désignant leur nombre par K

$$\int_0^\infty{}^{\kappa} e^{-a(v+z+\ldots+s)}\frac{\varphi\big(x-(v+z+\ldots+s)\big)}{\sqrt[\kappa]{(vz\ldots s)^{\kappa-n}}}\, dvdz\ldots ds =$$

$$= \frac{\Gamma\left(\frac{n}{k}\right)^{\kappa}}{\Gamma(n)}\int_0^\infty e^{-at}\, t^{n-1}\, \varphi(x-t)dt;$$

Si l'on applique la généralisation par facteurs à l'identité

$$(1) \qquad e^{(a+b+c+\ldots-k)u^2} = e^{au^2+bu^2+cu^2+\ldots+ku^2}$$

nous aurons

$$Ge^{au^2} = \frac{1}{\sqrt{\pi}}\int_{-\infty}^{\infty} e^{-t^2}\, \lambda(x+2\sqrt{a}t)dt$$

$$\lambda(x) = Ge^{bu^2} = \frac{1}{\sqrt{\pi}}\int_{-\infty}^{\infty} e^{-v^2}\, \mu(x+2\sqrt{b}v)dv$$

. . . .

$$\rho(x) = Ge^{ku^2} = \frac{1}{\sqrt{\pi}}\int_{-\infty}^{\infty} e^{-w^2}\, \varphi(x+2\sqrt{k}w)dw,$$

en désignant par n le nombre des facteurs nous obtiendrons en généralisant les deux membres de l'identité proposée

$$\int_{-\infty}^{\infty}\int_{-\infty}^{\infty}\cdots\int_{-\infty}^{\infty} e^{-t^2-v^2-\ldots-w^2}\varphi\left(x+2\left(\sqrt{a}t+\sqrt{b}v+\ldots+\sqrt{k}w\right)\right)dt\,dv\ldots dw =$$

$$= \pi^{\frac{n-1}{2}}\int_{-\infty}^{\infty} e^{-z^2}\,\varphi(x+2\sqrt{a+b+\ldots+k}\,z)dz.$$

Si l'on suppose les nombres a, b, ... k tels que $a+b+\ldots+k=0$, nous aurons en remarquant que

$$\int_{-\infty}^{\infty} e^{-z^2}\,dz = \sqrt{\pi}$$

$$\int_{-\infty}^{\infty}\int_{-\infty}^{\infty}\cdots\int_{-\infty}^{\infty} e^{-t^2-v^2-\ldots-w^2}\,\varphi\left(x+2(\sqrt{a}v+\sqrt{b}t+\ldots+\right.$$

$$\left.+\sqrt{k}w)\right)dt\,dv\ldots dw = \pi^{\frac{n}{2}}\,\varphi(x).$$

Soit proposé de généraliser l'expression $G\,\frac{1}{(a+be^{hu})^{\kappa}}$.

Nous aurons par la formule du binome

$$(a+be^{hu})^{-\kappa} = \frac{1}{a^{\kappa}}\left\{1-k\,\frac{b}{a}\,e^{hu}+\frac{k(k+1)}{1.2}\,\frac{b^2}{a^2}\,e^{2hu}-\right.$$

$$\left.-\frac{k(k+1)(k+2)}{1.2.3}\,\frac{b^3}{a^3}\,e^{3hu}+\ldots\right\}$$

que nous pouvons écrire en effectuant la généralisation

$$G\,\frac{1}{(a+be^{hu})^{\kappa}} = \frac{1}{a^{\kappa}}\sum_{n=0}^{n=\infty}(-1)^n\,\frac{k(k+1)\ldots(k+n-1)}{1,2,3,\ldots n}\,\frac{b^n}{a^n}\,\varphi(x+nh).$$

Si maintenant nous effectuons la généralisation par facteurs nous aurons :

$$G\,\frac{1}{a+be^{hu}} = \frac{1}{a}\sum_{n=0}^{n=\infty}(-1)^n\,\frac{b^n}{a^n}\,\lambda(x+nh)$$

$$\lambda(x) = G\frac{1}{a + be^{hu}} = \frac{1}{a}\sum_{m=0}^{m=\infty}(-1)^m \frac{b^m}{a^m}\mu(x + mh)$$

. . . .

nous en déduirons

$$G\frac{1}{(a + be^{hu})^\kappa} = \frac{1}{a^\kappa}\sum_{p=0}^{p=\infty}\sum_{n=0}^{m=\infty}\sum_{m=0}^{n=\infty}\dots(-1)^{m+n+p+\dots}$$

$$\left(\frac{b}{a}\right)^{m+n+p\dots}\varphi\big(x + (m + n + p + \dots)h\big).$$

Nous aurons ainsi en égalant ces deux expressions de $G\frac{1}{(a + be^{hu})^\kappa}$

$$\sum_{n=0}^{n=\infty}\sum_{m=0}^{m=\infty}\sum_{p=0}^{p=\infty}\dots(-1)^{m+n+p+\dots}\left(\frac{b}{a}\right)^{m+n+p+\dots}\varphi\big(x + (n + m + p + \dots)h\big) =$$

$$= \sum_{n=0}^{n=\infty}(-1)^n \frac{k(k+1)\dots(k+n-1)}{1,2,3\dots n}\left(\frac{b}{a}\right)^n \varphi(x + nh)$$

en supposant le nombre des intégrales Σ égal à k.

§ **11.** — Il arrive quelquefois, ainsi que nous venons de le reconnaître, qu'une fonction, généralisée par des procédés divers, donne des expressions qui, sous des formes différentes, sont équivalentes ; en égalant ces expressions on peut établir des relations souvent remarquables

Pour en donner un exemple considérons les intégrales connues

$$(1)\int_0^\infty e^{-av}v^{m-1}\sin bvdv = \frac{\Gamma(m)}{(a^2 + b^2)^{\frac{m}{2}}}\sin\left(m \operatorname{arc}\left(\sin = \frac{b}{\sqrt{a^2 + b^2}}\right)\right)$$

$$(2)\int_0^\infty e^{-av}v^{m-1}\cos bvdv = \frac{\Gamma(m)}{(a^2 + b^2)^{\frac{m}{2}}}\cos\left(m \operatorname{arc}\left(\cos = \frac{a}{\sqrt{a^2 + b^2}}\right)\right)$$

Pour obtenir une autre expression de ces intégrales, soit l'égalité

$$(3)\qquad G\frac{1}{(a + bu)^m} = \frac{1}{a^m\Gamma(m)}\int_0^\infty e^{-v}v^{m-1}\varphi\left(x - \frac{b}{a}v\right)dv$$

changeant b en $-b$, nous aurons :

(4) $$G\frac{1}{(a-bu)^m}=\frac{1}{a^m\Gamma(m)}\int_0^\infty e^{-v}v^{m-1}\varphi\left(x+\frac{b}{a}v\right)dv$$

faisant la somme de ces deux identités, il en résultera :

$$\int_0^\infty e^{-v}v^{m-1}\varphi\left\{\left(x+\frac{b}{a}v\right)+\varphi\left(x-\frac{b}{a}v\right)\right\}dv=a^m\Gamma(m)G\frac{(a+bu)^m+(a-bu)^m}{(a^2-b^2u^2)^m}$$

en posant $b=b\sqrt{-1}$ et en remarquant que

$$G\cos\frac{b}{a}vu=\frac{1}{2}\left\{\varphi\left(x+\frac{b}{a}v\sqrt{-1}\right)+\varphi\left(x-\frac{b}{a}v\sqrt{-1}\right)\right\}$$

nous obtiendrons

$$\int_0^\infty e^{-v}v^{m-1}\cos\frac{bv}{a}dv=\frac{a^m\Gamma(m)}{2}\frac{(a+b\sqrt{-1})^m+(a-b\sqrt{-1})^m}{(a^2+b^2)^m}$$

formule que nous pouvons écrire en supposant $v=av$

(5) $$\int_0^\infty e^{-av}v^{m-1}\cos bv\,dv=\frac{\Gamma(m)}{2}\frac{(a+b\sqrt{-1})^m+(a-b\sqrt{-1})^m}{(a^2+b^2)^m}.$$

En faisant la différence des égalités (3) et (4), nous trouverons de même

(6) $$\int_0^\infty e^{-av}v^{m-1}\sin bv\,dv=\frac{\Gamma(m)}{2\sqrt{-1}}\frac{(a+b\sqrt{-1})^m-(a-b\sqrt{-1})^m}{(a^2+b^2)^m}$$

La comparaison de ces valeurs avec celles données par les formules (1) et (2) donne les relations

$$\mathrm{Sin}\left(m\,\mathrm{arc}\left(\sin=\frac{b}{\sqrt{a^2+b^2}}\right)\right)=\frac{1}{(a^2+b^2)^{\frac{m}{2}}}\frac{(a+b\sqrt{-1})^m-(a-b\sqrt{-1})^m}{2\sqrt{-1}}$$

$$\cos\left(m\,\mathrm{arc}\left(\cos=\frac{a}{\sqrt{a^2+b^2}}\right)\right)=\frac{1}{(a^2+b^2)^{\frac{m}{2}}}\frac{(a+b\sqrt{-1})^m+(a-b\sqrt{-1})^m}{2}$$

qu'on peut écrire

(6) $$\mathrm{Sin}(m\,\mathrm{arc}(\sin=K)=\frac{(\sqrt{1-K^2}+K\sqrt{-1})^m-(\sqrt{1-K^2}-K\sqrt{-1})^m}{2\sqrt{-1}}$$

(7) $$\cos(m\,\mathrm{arc}(\cos=K)=\frac{(K+\sqrt{1-K^2}\sqrt{-1})^m+(K-\sqrt{1-K^2}\sqrt{-1})^m}{2}$$

§ **12**. — Nous avons déjà reconnu que, pour généraliser une fonction $F(a)$ par rapport à la quantité a, il suffit de poser dans cette fonction $a=u$

qu'on envisage comme variable de généralisation et de déterminer la valeur de $GF(u)$ en prenant pour définir la fonction introduite par la généralisation $Ge^{au} = \varphi(x + a)$.

Mais si, dans l'expression de cette généralisation, on veut conserver la quantité a par rapport à laquelle on généralise, on posera $a = au$ et l'on déterminera la valeur de $GF(au)$. La nouvelle fonction ainsi obtenue contiendra la quantité a et l'on pourra de nouveau la généraliser par rapport à cette même quantité, nous obtiendrons une généralisation de second ordre $G^2F(au)$. Il serait facile, en procédant de nouveau et de la même manière, de déterminer la valeur de $G^nF(au)$. Soit, par exemple, la fonction

$$F(a) = p + qa + ra^2$$

nous en déduirons par une première généralisation par rapport à a en posant $a = au$

$$GF(au) = p\varphi(x) = qa\varphi'(x) + ra^2\varphi''(x)$$

une seconde généralisation donnera

$$G^2F(au) = p\varphi(x)^2 + qa\varphi'(x)^2 + ra^2\varphi''(x)^{-2}$$

et généralement nous aurons

$$G^nF(au) = p\varphi(x)^n + pa\varphi'(x)^n + ra^2\varphi''(x)^n.$$

Comme nous aurons rarement l'occasion d'effectuer des généralisations d'ordres supérieurs par rapport à une même variable, nous n'insisterons pas davantage sur ce sujet.

Si une fonction contenait plusieurs quantités $a, b, c, \ldots$, on pourrait effectuer la généralisation par rapport à chacune de ces quantités en posant $a = au$, $b = bv$, $c = cw$, ...,

On comprend qu'à chaque généralisation répond une équation particulière de définition, c'est ainsi qu'on posera :

$$G_u e^{au} = \varphi(x + a), \quad G_v e^{av} = \theta(y + a), \quad G_w e^{aw} = \chi(z + a), \ldots$$

comme équations de définition répondant aux variables $u, v, w, \ldots$

Si l'on remarque que, par la nature même de l'opération de la généralisation, on peut changer l'ordre de deux opérations successives et poser

$$G_v G_u \Psi(u, v) = G_u G_v \Psi(u, v)$$

il en résultera, d'une manière générale, qu'on pourra, sans modifier le résultat, généraliser une fonction d'un nombre quelconque de variables dans tel ordre qu'on voudra.

Si, par exemple, nous considérons la fonction de deux variables $\frac{1}{u^2+v}$ dont la valeur peut être exprimée par l'intégrale

$$\frac{1}{u^2+v} = \int_0^\infty e^{-(u^2+v)t}dt$$

nous en déduirons :

$$G_v \frac{1}{u^2+v} = \int_0^\infty e^{-tu^2}dtG_v e^{-vt} = \int_0^\infty e^{-tu^2}\theta(y-t)dt$$

mais comme

$$G_u e^{-tu^2} = \frac{1}{2\sqrt{\pi}} \int_0^\infty e^{-\frac{z^2}{4t}} \left\{ \varphi(x+z\sqrt{-1}) + \varphi(x-z\sqrt{-1}) \right\} dz,$$

nous aurons :

$$(1) \left\{ \begin{aligned} &G_u G_v \frac{1}{u^2+v} = \\ &= \frac{1}{2\sqrt{\pi}} \int_0^\infty \left\{ \varphi(x+z\sqrt{-1}) + \varphi(x-z\sqrt{-1}) \right\} dz \int_0^\infty e^{-\frac{z^2}{4t}} \theta(y-t) \frac{dt}{\sqrt{t}} \end{aligned} \right.$$

d'autre part nous trouverons

$$G_u \frac{1}{u^2+v} = \frac{1}{2\sqrt{v}} \int_0^\infty e^{-z\sqrt{v}} \left\{ \varphi(x+z\sqrt{-1}) + \varphi(x-z\sqrt{-1}) \right\} dz,$$

et par conséquent

$$(2) \quad G_v G_u \frac{1}{u^2+v} = \frac{1}{2} \int_0^\infty \left\{ \varphi(x+z\sqrt{-1}) + \varphi(x-z\sqrt{-1}) \right\} dz G_v \frac{e^{-z\sqrt{v}}}{\sqrt{v}}$$

mais comme $G_u G_v = G_v G_u$ ces formules (1) et (2) nous donneront.

$$G \frac{e^{-z\sqrt{u}}}{\sqrt{u}} = \frac{1}{\sqrt{\pi}} \int_0^\infty \frac{e^{-\frac{z^2}{4t}} \varphi(x-t)}{\sqrt{t}} dt$$

en différentiant cette égalité par rapport à z, puis en posant $z = a$, nous pourrons l'écrire

$$(3)\qquad Ge^{-a\sqrt{u}} = \frac{a}{2\sqrt{\pi}}\int_0^{\infty} e^{-\frac{a^2}{4t}}\varphi(x-t)\frac{dt}{t\sqrt{t}},$$

en posant $t=\frac{a^2}{4v^2}$ nous obtiendrons

$$(4)\quad Ge^{-a\sqrt{u}}=\frac{2}{\sqrt{\pi}}\int_0^{\infty} e^{-v^2}\varphi\left(x-\frac{a^2}{4v^2}\right)dv=\frac{1}{\sqrt{\pi}}\int_{-\infty}^{\infty} e^{-v^2}\varphi\left(x-\frac{a^2}{4v^2}\right)dv,$$

dégénéralisant, nous en déduirons :

$$(5)\quad e^{-a\sqrt{u}}=\frac{1}{\sqrt{\pi}}\int_{-\infty}^{\infty} e^{-\frac{1}{t^2}-\frac{a^2t^2}{4}u}\frac{dt}{t^2}=\frac{2}{\sqrt{\pi}}\int_0^{\infty} e^{-\omega^2-\frac{a^2}{4\omega^2}u}\,d\omega.$$

Soit en second lieu, la fonction e^{-vu^2} nous en déduirons

$$G_uG_ve^{-vu^2}=\frac{1}{2\sqrt{\pi}}\int_0^{\infty}\{\varphi(x+y\sqrt{-1})+\varphi(x-y\sqrt{-1})\}dy\,G\,\frac{e^{-\frac{y^2}{4v}}}{\sqrt{v}}.$$

Mais comme $G_ve^{-vu^2}=\theta(p-u^2)$ il en résultera

$$G_uG_ve^{-vu^2}=G_u\theta(p-u^2)$$

d'autre part la formule (9) du § 9 donne

$$G_u\theta(p-u^2)=$$

$$=\frac{1}{\pi}\int_0^{\infty}\{\varphi(x+y\sqrt{-1})+\varphi(x-y\sqrt{-1})\}\,dy\int_0^{\infty}\theta(p-v^2)\cos yv\,dv$$

à l'aide de ces deux identités on trouve

$$G\,\frac{e^{-\frac{y^2}{4u}}}{\sqrt{u}}=\frac{1}{\sqrt{\pi}}\int_0^{\infty}\varphi(x-v^2)\cos yv\,dv,$$

formule qui, dégénéralisée, donne l'intégrale connue

$$\int_0^{\infty}e^{-v^2u}\cos yv\,dv=\frac{1}{2}\sqrt{\frac{\pi}{u}}\,e^{-\frac{y^2}{4u}},$$

§ **13.** — Bien que nous ne devions nous occuper dans ce travail que de l'opération G définie par l'égalité

$$G'e^{au} = \varphi(x + a),$$

il est facile de comprendre que l'opération symbolique pourrait être déterminée par une toute autre relation ; c'est ainsi qu'en désignant par G′ une nouvelle généralisation nous pourrions la définir en posant

$$G'e^{au\sqrt{-1}} = \varphi(x + a).$$

On déduirait immédiatement de cette relation

$$G'e^{au} = \varphi(x + a\sqrt{-1}),$$

$$G'e^{au} = \varphi(x - a\sqrt{-1}),$$

$$G' \sin au = \frac{1}{2\sqrt{-1}} \left\{ \varphi(x + a) - \varphi(x - a) \right\},$$

$$G' \cos au = \frac{1}{2} \left\{ \varphi(x + a) + \varphi(x - a) \right\}.$$

sans vouloir nous étendre à ce sujet, montrons par un exemple, les avantages qui pourraient résulter de cette considération.

L'intégrale connue

$$\int_0^{\infty} \frac{\cos aut}{1 + t^2} dt = \frac{\pi}{2} e^{-au},$$

nous donne en effectuant la généralisation G′

$$(1) \qquad \int_0^{\infty} \frac{\varphi(x + at) + \varphi(x + at)}{1 + t^2} dt = \pi \varphi(x + a\sqrt{-1}),$$

en regardant a comme une quantité essentiellement positive, et en posant $t = \frac{t}{a}$ nous aurons

$$(2) \qquad \int_0^{\infty} \frac{\varphi(x + t) + \varphi(x - t)}{a^2 + t^2} dt = \frac{\pi}{a} \varphi(x + a\sqrt{-1}).$$

En différentiant l'équation (1) par rapport à a, puis en posant $t = \frac{t}{a}$ nous en déduirons

$$(3) \qquad \int_0^{\infty} \frac{\varphi(x + t) - \varphi(x - t)}{a^2 + t^2} t dt = \pi\varphi(x + a\sqrt{-1})\sqrt{-1}.$$

Ces formules (2) et (3) ont été données par Cauchy (exercices 1826, page 107) ; elles sont exprimées par cet auteur sous les formes

$$\int_0^\infty \frac{\varphi(t)+\varphi(-t)}{a^2+t^2}\,dt = \frac{\pi}{a}\,\varphi(a\sqrt{-1}),$$

$$\int_0^\infty \frac{\varphi(t)-\varphi(-t)}{a^2+t^2}\,dt = \pi\varphi(a\sqrt{-1})\sqrt{-1},$$

qui répondent à $x=0$. La première suppose que la fonction $\varphi(x+y\sqrt{-1})$ conserve une valeur finie

1° pour $x=\pm\infty$ quel que soit y ;
2° pour $y=\infty$ quel que soit x,

et la seconde suppose en outre que $\varphi(x+y\sqrt{-1})$ s'évanouit pour $y=\infty$.

CHAPITRE III

GÉNÉRALISATION DES FONCTIONS DE PLUSIEURS VARIABLES

§ **14.** — En posant comme équation de définition de la fonction φ

$$Ge^{au + bv + cw + \dots} = \varphi(x + a, y + b, z + c, \dots)$$

on pourrait déduire de la formule de Fourier, étendue au cas d'une fonction de plusieurs variables, la valeur de $G\Psi(u, v, w, \dots)$ en intégales définies multiples.

C'est ainsi qu'en considérant une fonction de deux variables, nous aurons au lieu de la formule (8) du § 9 la suivante

$$G\Psi(u, v) = \frac{1}{4^2\pi^2}\int_{-\infty}^{\infty}\int_{-\infty}^{\infty}\int_{-\infty}^{\infty}\int_{-\infty}^{\infty} \Psi(\omega, \theta, \lambda)\varphi(x + t\sqrt{-1}, y + k\sqrt{-1})e^{-(t\omega + k\theta)\sqrt{-1}}\,d\omega d\theta dt dk,$$

pour une fonction de trois variables nous aurons de même

$$G\Psi(u, v, w) = \frac{1}{4^3\pi^3}\int_{-\infty}^{\infty}\int_{-\infty}^{\infty}\int_{-\infty}^{\infty}\int_{-\infty}^{\infty}\int_{-\infty}^{\infty}\int_{-\infty}^{\infty} \Psi(\omega, \theta, \lambda)\,\varphi(x + t\sqrt{-1}, y + k\sqrt{-1}, z + h\sqrt{-1})\,e^{-(t\omega + k\theta + h\lambda)\sqrt{-1}}\,d\omega d\theta d\lambda dt dk dh,$$

et ainsi de suite.

Les formules auxquelles on parvient ainsi sont si compliquées qu'il est avantageux, dans la plupart des cas, d'opérer la généralisation plus directement ; nous allons, à cet effet, entrer dans quelques détails.

La généralisation des fonctions de plusieurs variablrs peut s'effectuer à l'aide du principe de la généralisation par facteurs, qui subsiste également dans ce cas comme il est facile de s'en assurer par une démonstration analogue à celle que nous avons présentée pour une fonction d'une seule variable, en ayant soin toutefois de rapporter à x la généralisation relative à u, à y celle qui est relative à v, à z, celle qui est relative à w et ainsi de suite.

Nous allons, par quelques exemples que nous aurons l'occasion de rappeler plus tard, montrer l'emploi de ce procédé.

Si la fonction à généraliser se composait du produit de fonctions ne renfermant chacune qu'une seule variable de telle sorte

$$\Psi(u, v, w, \ldots) = \mathrm{F}(u)\,\mathrm{F}_1(v)\,\mathrm{F}_2(w)\ldots$$

il suffirait de généraliser chaque facteur, comme une fonction d'une seule variable, et d'en déduire la généralisation complète à l'aide de la généralisation par facteurs.

Soit proposé de déterminer la valeur de $\mathrm{G}e^{-tu^2-sv^2}$ *en prenant comme équation de définition*

$$\mathrm{G}e^{au+bv} = \varphi(x+a, y+b).$$

Nous aurons :

$$\mathrm{G}e^{-tu^2} = \frac{1}{\sqrt{\pi}}\int_{-\infty}^{\infty} e^{-\omega^2}\lambda(x + 2\sqrt{t}\,\omega\sqrt{-1}, y)d\omega,$$

$$\lambda(x, y) = \mathrm{G}e^{-sv^2} = \frac{1}{\sqrt{\pi}}\int_{-\infty}^{\infty} e^{-\omega'^2}\varphi(x, y + 2\sqrt{s}\,\omega'\sqrt{-1})\,d\omega',$$

et par conséquent

$$\mathrm{G}e^{-tu^2-sv^2} = \frac{1}{\pi}\int_{-\infty}^{\infty}\int_{-\infty}^{\infty} e^{-\omega^2-\omega'^2}\varphi(x + 2\sqrt{t}\,x\sqrt{-1}, \quad y + 2\sqrt{s}\,\omega'\sqrt{-1})\,d\omega d\omega'.$$

Soit proposé de déterminer la valeur de $G\,\frac{1}{uvw}$ *en prenant*

$$\mathrm{G}e^{au+bv+cw} = \varphi(x+a, y+b, z+c),$$

comme équation de définition de la fonction φ.

De l'intégrale

$$\frac{1}{u} = \int_0^{\infty} e^{-tu}\,dt,$$

nous déduirons

$$\mathrm{G}\,\frac{1}{u} = \int_0^{\infty} \lambda(x-\omega, y, z)d\omega$$

$$\lambda(x, y, z) = \mathrm{G}\,\frac{\lambda}{v} = \int_0^{\infty} \mu(x, y - \omega', z)d\omega'$$

$$\mu(x, y, z) = \mathrm{G}\,\frac{\lambda}{w} = \int_0^{\infty} \varphi(x, y, z - \omega'')d\omega''$$

éliminant λ et μ nous aurons :

$$\mathrm{G}\,\frac{1}{uvw} = \int_0^{\infty}\int_0^{\infty}\int_0^{\infty} \varphi(x - \omega, y - \omega', z - \omega'')d\omega d\omega' d\omega''.$$

§ **15.** — Il est quelquefois facile d'opérer la séparation des variables d'une fonction donnée à l'aide d'une intégrale définie, et, de ramener ainsi la généralisation d'une fonction à la généralisation par facteurs.

Soit proposé de déterminer la valeur de $\mathrm{G}\,\frac{1}{(pu^2 + qv)^m}$ *en prenant comme équation de définition de la fonction* φ

$$\mathrm{G}e^{au + bv} = \varphi(x + a, y + b)$$

si l'on remarque

$$\frac{1}{(pu^2 + qv)^m} = \frac{1}{\Gamma(m)} \int_0^{\infty} t^{m-1} e^{-t(pu^2 + qv)} dt,$$

nous en déduirons

$$\mathrm{G}\,\frac{1}{(pu^2 + qv)^m} = \frac{1}{\Gamma(m)} \int_0^{\infty} t^{m-1} dt \mathrm{G} e^{-ptu^2 - qtv}$$

la séparation des variables étant ainsi effectuée nous aurons en généralisant par facteurs :

$$(1)\quad \mathrm{G}\,\frac{1}{(pu^2+qv)^m} = \frac{1}{\sqrt{\pi}\,\Gamma(m)} \int_0^{\infty}\int_0^{\infty} e^{-\omega^2} t^{m-1} \varphi(x + 2\omega\sqrt{pt}\sqrt{-1}, y - qt)d\omega dt$$

Pour généraliser la fonction $\frac{1}{(u + pv)^m (u + qv)^n}$ nous remarquerons que l'intégrale connue

$$\frac{1}{(u + pv)^m} = \frac{1}{\Gamma(m)} \int_0^{\infty} t^{m-1} e^{-t(u + pv)} dt$$

nous donne

$$G \frac{1}{(u + pv)^m} = \frac{1}{\Gamma(m)} \int_0^\infty t^{m-1} \varphi(x - t, y - pt) dt$$

nous aurons de même

$$G \frac{1}{(u + qv)^n} = \frac{1}{\Gamma(n)} \int_0^\infty \omega^{n-1} \varphi(x - \omega, y - q\omega) d\omega$$

de ces deux égalités on déduit en généralisant par facteurs :

$$(2)\ G \frac{1}{(u + pv)^m (u + qv)^n} = \frac{1}{\Gamma(m)\Gamma(n)} \int_0^\infty \int_0^\infty t^{m-1} \omega^{n-1} \varphi(x - t - \omega, y - pt - q\omega) dt d\omega$$

en supposant $m = n$

$$G \frac{1}{\{(u+pv)(u+qv)\}^n} = \frac{1}{\Gamma(n)^2} \int_0^\infty \int_0^\infty (t\omega)^{n-1} \varphi(x - t - \omega, y - pt - q\omega) dt d\omega$$

en posant $p = \frac{a}{2} + \frac{1}{2}\sqrt{a^2 - 4b}$, $q = \frac{a}{2} - \frac{1}{2}\sqrt{a^2 - 4b}$ il en résultera :

$$(3)\quad G \frac{1}{(u^2 + auv + bv^2)^n} = \frac{1}{\Gamma(n)^2} \int_0^\infty \int_0^\infty (t\omega)^{n-1} \varphi\left(x - t - \omega, y - \left(\frac{a}{2} + \frac{1}{2}\sqrt{a^2 - 4b}\right) t - \left(\frac{a}{2} - \frac{1}{2}\sqrt{a^2 - 4b}\right)\omega\right) d\omega dt$$

formule qui donne lorsque $a = o$

$$(4)\quad G \frac{1}{(u^2 + bv^2)^n} = \frac{1}{\Gamma(n)^2} \int_0^\infty \int_0^\infty (t\omega)^{n-1} \varphi\left(x - t - \omega, y - t\sqrt{b}\sqrt{-1} + \omega\sqrt{b}\sqrt{-1}\right) d\omega dt$$

et en posant $b = -a^2$ nous obtiendrons :

$$(5)\quad G \frac{1}{(u^2 - a^2v^2)^n} = \frac{1}{\Gamma(n)^2} \int_0^\infty \int_0^\infty (t\omega)^{n-1} \varphi(x - t - \omega, y + at - a\omega) d\omega dt.$$

Soit proposé de généraliser les fonctions $G \frac{u}{u^2 + a^2v^2}$, $G \frac{av}{u^2 + a^2v^2}$.

On effectuera immédiatement la séparation en deux facteurs, chacun d'une variable, à l'aide de l'intégrale connue

$$\frac{u}{u^2+a^2v^2}=\int_0^\infty e^{-tu}\cos avtdt$$

nous aurons ainsi

$$\mathrm{G}\frac{u}{u^2+a^2u^2}=\int_0^\infty dt\mathrm{G}e^{-tu}\cos atv$$

mais comme

$$\mathrm{G}e^{-tu}=\varphi(x-t,y)$$

$$\mathrm{G}\cos atv=\frac{1}{2}\left\{\varphi(x,y+at\sqrt{-1})+\varphi(x,y-at\sqrt{-1})\right\}$$

la généralisation par facteurs donnera

$$\mathrm{G}\frac{u}{u^2+a^2v^2}=\frac{1}{2}\int_0^\infty\left\{\varphi(x-t,y+at\sqrt{-1})+\varphi(x-t,y-at\sqrt{-1})\right\}dt$$

Nous trouverons de même à l'aide l'intégrale

$$\frac{av}{u^2+a^2v^2}=\int_0^\infty e^{-tu}\sin avtdt$$

l'expression

$$\mathrm{G}\frac{av}{u^2+a^2v^2}=\frac{1}{2\sqrt{-1}}\int_0^\infty\left\{\varphi(x-t,y+at\sqrt{-1})-\varphi(x-t,y-at\sqrt{-1})\right\}dt.$$

Pour obtenir la généralisation de l'expression $\mathrm{G}e^{\frac{u^2}{v^2}}$ on considérera l'intégrale connue

$$e^{-\frac{u^2}{v^2}}=\frac{2v}{\sqrt{\pi}}\int_0^\infty e^{-v^2t^2}\cos 2utdt$$

qui, généralisée par facteurs nous donne

$$\mathrm{G}e^{-\frac{u^2}{v^2}}=\frac{1}{\pi}\int_0^\infty dt\int_{-\infty}^\infty e^{-\omega^2\frac{d}{dy}}\left\{\varphi(x+2t\sqrt{-1},y+2t\omega\sqrt{-1})+\right.$$
$$\left.+\varphi(x-2t\sqrt{-1},y+2t\omega\sqrt{-1})\right\}d\omega.$$

§ **16**. — *Proposons-nous de déterminer la valeur de* Ge^{auv} *en prenant toujours pour définir la fonction* φ $Ge^{au+bv} = \varphi(x+a, y+b)$.

Remarquons d'abord que l'on a identiquement :

$$e^{4auv} = e^{a(u+v)^2 - a(u-v)^2},$$

d'autre part, l'intégrale connue,

$$e^{au^2} = \frac{1}{\sqrt{\pi}} \int_{-\infty}^{\infty} e^{2\sqrt{a}tu - t^2} dt,$$

nous donnera :

$$e^{a(u+v)^2} = \frac{1}{\sqrt{\pi}} \int_{-\infty}^{\infty} e^{2\sqrt{a}t(u+v) - t^2} dt,$$

formule qui, généralisée, conduit à la relation

$$Ge^{a(u+v)^2} = \frac{1}{\sqrt{\pi}} \int_{-\infty}^{\infty} e^{-t^2} \varphi(x + 2\sqrt{a}t, y + 2\sqrt{a}t) dt,$$

nous trouverons de même :

$$Ge^{-a(u-v)^2} = \frac{1}{\sqrt{\pi}} \int_{-\alpha}^{\infty} e^{-h^2} \varphi(x + 2\sqrt{a}h\sqrt{-1}, y - 2\sqrt{a}h\sqrt{-1}) dh,$$

la généralisation par facteur conduira à :

$$Ge^{4auv} = Ge^{a(u+v)^2 - a(u-v)^2} =$$

$$= \frac{1}{\sqrt{\pi}} \int_{-\infty}^{\infty} \int_{-\infty}^{\infty} e^{-t^2 - h^2} \varphi(x + 2\sqrt{a}(t + h\sqrt{-1}), y + 2\sqrt{a}(t - h\sqrt{-1}) dh dt,$$

en posant $a = \frac{a}{4}$ nous aurons :

$$Ge^{auv} = \frac{1}{\pi} \int_{-\infty}^{\infty} \int_{-\infty}^{\infty} e^{-t^2 - h^2} \varphi(x + \sqrt{a}(t + h\sqrt{-1}), y + \sqrt{a}(t - h\sqrt{-1}) dt dh$$

Il serait facile d'exprimer par une série la valeur de cette expression, il suffirait pour cela de développer e^{auv} en série et d'en généraliser les deux membres, nous trouverons ainsi :

$$\mathrm{G}e^{auv} = \varphi(x,y) + \frac{d^2\varphi(x,y)}{dxdy}\,a + \frac{d^4\varphi(x,y)}{dx^2dy^2}\,\frac{a^2}{1.2} + \\ + \ldots = \sum_{n=0}^{n=\infty} \frac{d^{2n}\varphi(x,y)}{dx^n dy^n}\,\frac{a^n}{1.2.3..n}.$$

Le développement en séries donnerait de même :

$$\mathrm{G}\sin auv = \sum_{n=0}^{n=\infty} (-1)^n \frac{d^{4n+2}\varphi(x,y)}{dx^{n+1}\,dy^{2n+1}}\,\frac{a^{2n+1}}{1.2.3..(2n+1)}$$

$$\mathrm{G}\cos auv = \sum_{n=0}^{n=\infty} (-1)^n \frac{d^{4n}\varphi(x,y)}{dx^{2n}dy^{2n}}\,\frac{a^{2n}}{1.2\ldots 2n},$$

$$\mathrm{G}\frac{1}{a-be^{u+v}} = \sum_{n=0}^{n=\infty} \frac{b^n}{a^{n+1}}\,\varphi(x+n, y+n).$$

Si dans l'intégrale $e^{-q} = \frac{2}{\pi}\int_0^\infty \frac{t\sin t}{q^2+t^2}\,dt$ nous posons $q = \frac{au}{v}$ nous obtiendrons :

$$e^{-\frac{au}{v}} = \frac{2}{\pi}\int_0^\infty t\sin t dt\,\frac{v^2}{a^2u^2+t^2v^2},$$

formule que nous pouvons écrire en remarquant que :

$$\frac{v}{a^2u^2+t^2v^2} = \frac{1}{t}\int_0^\infty e^{-tvz}\cos auz dz.$$

Sous la forme :

$$e^{-\frac{au}{v}} = 2\int_0^\infty\int_0^\infty \sin t dt dz (ve^{-tvz}\cos auz),$$

généralisant par rapport à u et v il en résultera :

$$\mathrm{G}e^{-\frac{au}{v}} = \int_0^\infty\int_0^\infty \frac{d}{dy}\left\{\varphi(x+az\sqrt{-1}, y-tz) + \right. \\ \left. + \varphi(x-az\sqrt{-1}, y-tz)\right\}\sin t dt,$$

CHAPITRE IV

GÉNÉRALISATION DES FONCTIONS RATIONNELLES ET DÉTERMINATION D'INTÉGRALES DÉFINIES

§ **17.** — Si nous considérons la fonction rationnelle $\frac{1}{a+bu}$ il est facile d'en obtenir la généralisation à l'aide de l'intégrale

$$\frac{1}{a+bu}=\int_0^\infty e^{-(a+bu)t}dt,$$

qui donne

$$(1)\qquad G\,\frac{1}{a+bu}=\frac{1}{b}\int_0^\infty e^{-\frac{b}{a}t}\varphi(x-t)d$$

on déduira de même de la formule

$$\frac{1}{a-bu}=\int_0^\infty e^{-(a-bu)t}dt,$$

en généralisant

$$(2)\qquad G\,\frac{1}{a-bu}=\frac{1}{b}\int_0^\infty e^{-\frac{a}{b}t}\varphi(x+t)dt,$$

de ces deux identités on déduit

$$(3)\qquad G\,\frac{u}{a+bu}=\frac{1}{b}\,\varphi(x)-\frac{a}{b^2}\int_0^\infty e^{-\frac{a}{b}t}\varphi(x-t)dt,$$

$$(4)\qquad G\,\frac{u}{a-bu}=-\frac{1}{b}\,\varphi(x)+\frac{a}{b^2}\int_0^\infty e^{-\frac{a}{b}t}\varphi(x+t)dt,$$

ces formules conduisent très simplement aux suivantes :

$$(5)\qquad G\,\frac{1}{a^2-b^2u^2}=\frac{1}{2ab}\int_0^{\infty}e^{-\frac{a}{b}t}\left\{\varphi(x+t)+\varphi(x-t)\right\}dt.$$

$$(6)\qquad C\,\frac{u}{a^2-b^2u^2}=\frac{1}{2b^2}\int_0^{\infty}e^{-\frac{a}{b}t}\left\{\varphi(x+t)-\varphi(x-t)\right\}dt.$$

$$(7)\qquad G\,\frac{1}{a^2+b^2u^2}=\frac{1}{2ab}\int_0^{\infty}e^{-\frac{a}{b}t}\left\{\varphi(x+t\sqrt{-1})+\varphi(x-t\sqrt{-1})\right\}dt.$$

$$(8)\qquad G\,\frac{u}{a^2+b^2u^2}=\frac{1}{2b^2\sqrt{-1}}\int_0^{\infty}e^{-\frac{a}{b}t}\left\{\varphi(x+t\sqrt{-1})-\varphi(x-t\sqrt{-1})\right\}dt.$$

$$(9)\qquad G\,\frac{u^2}{a^2-b^2u^2}=-\frac{1}{b^2}\varphi(x)+\frac{a}{2b^3}\int_0^{\infty}e^{-\frac{a}{b}t}\left\{\varphi(x+t)+\varphi(x-t)\right\}dt.$$

$$(10)\qquad G\,\frac{u^2}{a^2+b^2u^2}=\frac{1}{b^2}\varphi(x)-\frac{a}{2b^3}\int_0^{\infty}e^{-\frac{a}{b}t}\left\{\varphi(x+t\sqrt{-1})+\varphi(x-t\sqrt{-1})\right\}dt.$$

$$(11)\qquad G\,\frac{1}{a^4-b^4u^4}=\frac{1}{4a^3b}\int_0^{\infty}e^{-\frac{a}{b}t}\left\{\varphi(x+t)+\varphi(x-t)+\varphi(x+t\sqrt{-1})+\right.$$
$$\left.+\varphi(x-t\sqrt{-1})\right\}dt.$$

$$(12)\qquad G\,\frac{u^2}{a^4-b^4u^4}=\frac{1}{4ab^3}\int_0^{\infty}e^{-\frac{a}{b}t}\left\{\varphi(x+t)+\varphi(x-t)-\varphi(x+t\sqrt{-1})-\right.$$
$$\left.-\varphi(x-t\sqrt{-1})\right\}dt.$$

$$(13)\left\{\begin{array}{l} G\,\dfrac{1}{a^4+b^4u^4}=\dfrac{1}{4a^3b}\displaystyle\int_0^{\infty}e^{-\frac{a}{b}t}\Big\{\varphi\Big(x+\frac{1}{\sqrt{2}}(1+\sqrt{-1})t\Big)+\\ +\Big(x-\dfrac{1}{\sqrt{2}}(1+\sqrt{-1})t\Big)+\varphi\Big(x-\dfrac{1}{\sqrt{2}}(1-\sqrt{-1})t\Big)+\varphi\Big(x+\dfrac{1}{\sqrt{2}}(1-\sqrt{-1})t\Big)\Big\}dt.\end{array}\right.$$

$$(14)\left\{\begin{array}{l} G\,\dfrac{u^2}{a^4+b^4u^4}=\dfrac{1}{4ab^3\sqrt{-1}}\displaystyle\int_0^{\infty}e^{-\frac{a}{b}t}\Big\{\varphi\Big(x+\frac{1}{\sqrt{2}}(1+\sqrt{-1})t\Big)+\\ +\Big(x-\dfrac{1}{\sqrt{2}}(1-\sqrt{-1})t\Big)-\varphi\Big(x-\dfrac{1}{\sqrt{2}}(1+\sqrt{-1})t\Big)-\varphi\Big(x+\dfrac{1}{\sqrt{2}}(1-\sqrt{-1})t\Big\}dt.\end{array}\right.$$

Pour obtenir la valeur de G $\frac{1}{a+bu+u^2}$ nous pouvons remarquer que

$$\frac{1}{a+bu+cu^2}=\int_0^\infty e^{-t(a+bu+cu^2)}dt.$$

En généralisant par facteurs il en résultera

$$G\frac{1}{a+bu+cu^2}=\frac{1}{\sqrt{\pi}}\int_0^\infty\int_0^\infty e^{-at-\omega^2}\left\{\varphi(x-bt+2\omega\sqrt{ct}\sqrt{-1})+\varphi(x-bt-2\omega\sqrt{ct}\sqrt{-1})\right\}d\omega dt.$$

On peut effectuer cette généralisation à l'aide d'une seule intégrale simple en remarquant que l'on a identiquement

$$\frac{1}{a+bu+cu^2}=\frac{c}{\sqrt{b^2-4ac}}\times\frac{1}{cu+\frac{b}{2}-\frac{1}{2}\sqrt{b^2-4ac}}-$$
$$-\frac{c}{\sqrt{b^2-4ac}}\times\frac{1}{cu-\frac{b}{2}+\frac{1}{2}\sqrt{b^2-4ac}},$$

nous aurons en généralisant à l'aide de la formule (1)

$$(15)\quad\left\{\begin{aligned}&G\frac{1}{a+bu+cu^2}=\frac{1}{\sqrt{b^2-4ac}}\int_0^\infty e^{-\frac{bt}{2c}}\left\{e^{\frac{t}{2c}\sqrt{b^2-4ac}}-\right.\\&\left.-e^{-\frac{t}{2c}\sqrt{b^2-4ac}}\right\}\varphi(x-t)dt\quad(b^2>4ac).\end{aligned}\right.$$

$$(16)\quad G\frac{1}{a+bu+cu^2}=\frac{2}{\sqrt{4ac-b^2}}\int_0^\infty e^{-\frac{bt}{2c}}\sin\frac{1}{2c}\sqrt{4ac-b^2}\,t\,\varphi(x-t)\,dt\,(b^2>4ac)$$

Généralement, si $\Psi(u)$ est une fonction rationnelle du u, cette fonction pourra toujours se décomposer en une suite de termes des formes Au^m et $\frac{B}{(a+bu)^m}$, mais comme $GAu^m=\varphi^{(m)}x$, la question de déterminer $G\Psi(u)$, dans ce cas, est ainsi réduite à connaître la valeur de G $\frac{1}{(a+bu)^m}$.

Si l'on différentie $m-1$ fois, rapport à u, l'intégrale $\frac{1}{u}=\int_0^\infty e^{-ut}dt$.

nous en déduirons :

$$\frac{1}{u^m} = \frac{1}{\Gamma(m)} \int_0^\infty t^{m-1} e^{-tu} dt,$$

et en posant dans cette égalité $u = a - bu$ nous aurons en généralisant :

$$(17) \quad \left\{ \begin{aligned} G\frac{1}{(a+bu)^m} &= \frac{1}{\Gamma(m)} \int_0^\infty e^{-at} t^{m-1} dt G e^{-btu} = \\ &= \frac{1}{b^m \Gamma(m)} \int_0^\infty e^{-\frac{a}{b}t} t^{m-1} \varphi(x-t) dt, \end{aligned} \right.$$

nous trouverons de même, en posant dans l'égalité précédente $u = a - bu$

$$(18) \quad G\frac{1}{(a-bu)^m} = \frac{1}{b^m \Gamma(m)} \int_0^\infty e^{-\frac{a}{b}t} t^{m-1} \varphi(x+t) dt.$$

en faisant la somme et la différence de ces deux formules nous en déduirons :

$$(19) \quad G\frac{(a+bu)^m + (a-bu)^m}{(a^2-b^2u^2)^m} = \frac{1}{b^m \Gamma(m)} \int_0^\infty e^{-\frac{a}{b}t} t^{m-1} \{\varphi(x+t) + \varphi(x-t)\} dt.$$

$$(20) \quad G\frac{(a+bu)^m - (a-bu)^m}{(a^2-b^2u^2)^m} = \frac{1}{b^m \Gamma(m)} \int_0^\infty e^{-\frac{a}{b}t} t^{m-1} \{\varphi(x+t) - \varphi(x-t)\} dt.$$

Si dans cette même intégrale $\frac{1}{u^m} = \frac{1}{\Gamma(m)} \int_0^\infty t^{m-1} e^{-tu} dt$, nous posons $u = a^2 + b^2u^2$ nous trouverons en faisant $t = \frac{v}{a^2}$.

$$G\frac{1}{(a^2+b^2u^2)^m} = \frac{1}{a^{2m}\Gamma(m)} \int_0^\infty v^{m-1} e^{-v} dv G e^{-\frac{b^2}{a^2}vu^2}.$$

en remplaçant $G e^{-\frac{b^2}{a^2}vu^2}$ par sa valeur donnée par la formule (12) du § 9, nous aurons :

$$G\frac{1}{(a^2+b^2u^2)^m} = \frac{1}{a^m \Gamma(m)\sqrt{\pi}} \int_0^\infty \int_0^\infty v^{m-1} e^{-v-t^2} \Big\{ \varphi\Big(x + 2\frac{b}{a}\sqrt{v}t\sqrt{-1}\Big) + \\ + \varphi\Big(x - 2\frac{b}{a}\sqrt{v}t\sqrt{-1}\Big) \Big\} dv dt,$$

qu'on peut écrire en posant $t = \frac{ay}{2b\sqrt{v}}$ sous la forme

$$(21) \quad \begin{cases} G\frac{1}{(a^2+b^2u^2)^m} = \frac{1}{2ba^{2m-1}\Gamma(m)\sqrt{\pi}}\int_0^\infty\int_0^\infty v^{m-\frac{3}{2}} e^{-v-\frac{a^2y^2}{4b^2v}} \{\varphi(x+ \\ \qquad + y\sqrt{-1}) + \varphi(x - y\sqrt{-1})\} dydv. \end{cases}$$

Nous trouverons de même en posant $u = a^2 - bu^2$

$$(22) \quad \begin{cases} G\frac{1}{(a^2-b^2u^2)^m} = \frac{1}{2ba^{2m-1}\Gamma(m)\sqrt{\pi}}\int_0^\infty\int_0^\infty v^{m-\frac{3}{2}} e^{-v-\frac{a^2y^2}{4b^2v}} \{\varphi(x+y) + \\ \qquad + \varphi(x-y)\} dydv. \end{cases}$$

§ **18.** — Écrivons la formule (21) du § précédent sous la forme

$$(1) \quad G\frac{1}{(a^2+b^2u^2)^n} = \frac{1}{2\sqrt{\pi}ba^{2n-1}\Gamma(n)}\int_0^\infty \{\varphi(x+y\sqrt{-1}) + $$

$$+ \varphi(x-y\sqrt{-1})\} dy \int_0^\infty v^{n-\frac{3}{2}} e^{-v-\frac{a^2y^2}{4b^2v}} dv.$$

Nous obtiendrons, en déterminant la valeur de $G\frac{1}{(a^2+b^2u^2)^n}$ à l'aide de la formule (9) du § **9**, la nouvelle expression

$$(2) \quad G\frac{1}{(a^2+b^2u^2)^n} = \frac{1}{\pi}\int_0^\infty \{\varphi(x+y\sqrt{-1}) + \varphi(x-4\sqrt{-1})\} dy \int_0^\infty \frac{\cos yv}{(a^2+b^2v^2)^n} dv$$

la comparaison de ces deux formules donnera

$$(3) \quad \int_0^\infty \frac{\cos yv}{(a^2+b^2v^2)^n} dv = \frac{\sqrt{\pi}}{2ba^{2n-1}\Gamma(n)}\int_0^\infty v^{n-\frac{3}{2}} e^{-v-\frac{a^2y^2}{4b^2v}} dv$$

Maintenant, si, considérant la formule (22) du § précédent, nous faisons $m = 1$, nous obtiendrons :

$$(4) \quad G\frac{1}{a^2-b^2u^2} = \frac{1}{2ab\sqrt{\pi}}\int_0^\infty \{\varphi(x+y) + \varphi(x-y)\} dy \int_0^\infty \frac{e^{-v-\frac{a^2y^2}{4b^2v}}}{\sqrt{v}} dv.$$

Comparant cette formule avec la formule (5) du § **17**, nous obtiendrons l'intégrale connue (Cauchy Sav. Etr. 1827, 124)

$$\int_0^\infty e^{-\left(pv+\frac{q}{v}\right)}\frac{dv}{\sqrt{v}}=e^{-2\sqrt{pq}}\sqrt{\frac{\pi}{p}}.$$

En posant $q=x^2$, nous pourrons écrire cette intégrale sous la forme

$$\int_0^\infty e^{-\frac{x^2}{v}-pv}\frac{dv}{\sqrt{v}}=\sqrt{\pi}\,\frac{e^{-2x\sqrt{p}}}{\sqrt{p}}$$

En différentiant cette identité $n-1$ fois par rapport à p, nous aurons en posant $p=1$ après les différentiations

$$(5)\qquad \int_0^\infty e^{-\frac{x^2}{v}-v}\,v^{n-\frac{3}{2}}dv=(-1)^{n-1}\sqrt{\pi}\left[\frac{d^{n-1}}{dp^{n-1}}\left(\frac{e^{-2x\sqrt{p}}}{\sqrt{p}}\right)\right]^{p=1}$$

en supposant $x=\frac{ay}{2b}$ nous aurons, à l'aide de la relation (3)

$$(6)\qquad \int_0^\infty \frac{\cos yv}{(a^2+b^2v^2)^n}\,dv=\frac{\pi(-1)^{n-1}}{2a^{2n-1}b\Gamma(n)}\left[\frac{d^{n-1}}{dp^{n-1}}\left(\frac{e^{-\frac{ay}{b}\sqrt{p}}}{\sqrt{p}}\right)\right]^{p=1}$$

Il est facile d'obtenir l'expression de cette même intégrale sous une nouvelle forme analogue.

Des formules (2) et (3) on déduit

$$\int_0^\infty\int_0^\infty \frac{\varphi(x+y\sqrt{-1})+\varphi(x-y\sqrt{-1})}{(a^2-b^2v^2)^n}\cos yv\,dv\,dy=$$

$$=\frac{\sqrt{\pi}}{2ba^{2n-1}\Gamma(n)}\int_0^\infty\int_0^\infty v^{n-\frac{3}{2}}e^{-v-\frac{a^2y^2}{4b^2v}}\left\{\varphi(x+y)+\varphi(x-y)\right\}dv\,dy$$

en posant $\varphi(x)=\frac{1}{x}$ cette formule se transforme aisément dans la suivante

$$\int_0^\infty v^{n-\frac{3}{2}}e^{-v}dv\int_0^\infty \frac{e^{-\frac{y^2}{v}}dv}{y^2-x^2}=(-1)^{n-1}\frac{\sqrt{\pi}\Gamma(n)}{x}\int_0^\infty\frac{e^{-xv}dv}{(v^2-1)^n}$$

dont nous pouvons déduire, en égalant les parties imaginaires que renferment les intégrales de chaque membre

$$\int_0^\infty e^{-\frac{x^2}{v}} v^{n-\frac{3}{2}} dv = 2(-1)^{n-1}\sqrt{\pi}\left[\frac{d^{n-1}}{dv^{n-1}}\left(\frac{e^{-xv}}{(1+v)^n}\right)\right]^{v=1},$$

Nous aurons donc à l'aide de la formule (3)

$$\int_0^\infty \frac{\cos yv\,dv}{(a^2+b^2v^2)^n} = \frac{\pi(-1)^{n-1}}{ba^{2n-1}\Gamma(n)}\left[\frac{d^{n-1}}{dp^{n-1}}\left(\frac{e^{-\frac{ay}{b}p}}{(1+p)^n}\right)\right]^{p=1}.$$

§ **19.** — La formule (7) du paragraphe 17 comparée avec la formule (19) du paragraphe 9 donne

$$(1)\quad \frac{1}{\pi}\int_0^\infty \left\{ \varphi(x+y\sqrt{-1}) + \varphi(x-y\sqrt{-1}) \right\} dy \int_0^\infty \frac{\cos yvdv}{a^2+b^2v^2} =$$

$$= \frac{1}{2ab}\int_0^\infty e^{-\frac{a}{b}y} \left\{ \varphi(x+y\sqrt{-1}) + \varphi(x-y\sqrt{-1})\right\} dy,$$

identité dont on déduit l'intégrale connue

$$\int_0^\infty \frac{\cos yvdv}{a^2+b^2v^2} = \frac{\pi}{2ab} e^{-\frac{a}{b}y}.$$

Si, dans cette formule (1) nous posons $a = a\sqrt{-1}$, nous obtiendrons :

$$(a)\quad G\frac{1}{a^2-b^2u^2} = \frac{\sqrt{-1}}{2ab}\int_0^\infty e^{-\frac{a}{b}y\sqrt{-1}} \{\varphi(x+y\sqrt{-1})+\varphi(x-y\sqrt{-1})\}dy,$$

cette formule comparée avec la formule (20) du § 9 donne

$$\frac{1}{\pi}\int_0^\infty \left\{ \varphi(x+y\sqrt{-1}) + \varphi(x-y\sqrt{-1}) \right\} dy \int_0^\infty \frac{\cos yvdv}{a^2-b^2v^2} =$$

$$= \frac{\sqrt{-1}}{2ab}\int_0^\infty e^{-\frac{a}{b}y\sqrt{-1}} \left\{ \varphi(x+y\sqrt{-1}) + \varphi(x-y\sqrt{-1}) \right\} dy,$$

on déduit de cette égalité l'intégrale

$$(2)\quad \int_0^\infty \frac{\cos yv dv}{a^2 - b^2v^2} = \frac{\pi\sqrt{-1}}{2ab} e^{-\frac{a}{b} - y\sqrt{-1}} = \frac{\pi}{2ab}\sin\frac{a}{b}y + \frac{\pi}{2ab}\cos\frac{a}{b}y\sqrt{-1}.$$

différentiant par rapport à y on obtient

$$(3)\quad \int_0^\infty \frac{v \sin yv dv}{a^2 - b^2v^2} = -\frac{\pi}{2b^2} e^{-\frac{a}{b} y\sqrt{-1}} = -\frac{\pi}{2b^2}\cos\frac{a}{b}y + \frac{\pi}{2b^2}\sin\frac{a}{b}y\sqrt{-1}.$$

Bien que les valeurs que nous venons de trouver pour les intégrales (2) et (3) aient été données par Poisson (P. 13, 295 et 33) on a élevé des doutes sur leur exactitude ; plusieurs auteurs ont réduit leurs valeurs seulement à la partie réelle et ont regardé comme exactes les formules

$$(4)\quad \int_0^\infty \frac{\cos yv dv}{a^2 - b^2v^2} = \frac{\pi}{2ab} \sin\frac{a}{b} y.$$

$$(5)\quad \int_0^\infty \frac{v \sin yv da}{a^2 - b^2v^2} = -\frac{\pi}{2b^2} \cos\frac{a}{b} y,$$

on peut, cet égard, consulter les tables d'intégrales de Bicrens de Haan qui regarde ces dernières intégrales comme exactes et considère comme erronées les valeurs obtenues par Poisson.

Il est d'abord facile de voir que ces deux intégrales comprennent des intégrales singulières dont les valeurs sont précisément les parties imaginaires qui figurent dans les valeurs que nous avons obtenues.

En second lieu, nous pouvons faire observer que les formules (2) et (3) conduisent à des intégrales reconnues exactes, tandis qu'il n'en est pas de même lorsqu'on y supprime la partie imaginaire.

Cela est facile à reconnaître : supposons que dans la formule (3) nous fassions $a = u$ et que nous généralisions les deux membres nous aurons :

$$\int_0^\infty v \sin yv dv \, G \frac{1}{b^2v^2 - u^2} = \frac{\pi}{2b} \varphi\left(x - \frac{y}{b}\sqrt{-1}\right),$$

en remplaçant $G \frac{1}{b^2v^2 - u^2}$ par sa valeur formule (5) du § 17, il en résultera :

$$\int_0^\infty \{ \varphi(x+t) + \varphi(x-t) \} \frac{dt}{y^2 + b^2t^2} = \frac{\pi}{yb} \varphi(x - \frac{y}{b}\sqrt{-1}),$$

formule donnée par Cauchy dont l'exactitude ne saurait être contestée.

Ayant remarqué que, dans plusieurs cas, quelques analystes s'étaient crus en droit de supprimer ainsi la partie imaginaire d'une intégrale, nous ne pensons pas inutile d'insister en prenant un nouvel exemple qui corroborera l'observation que nous venons de faire.

En multipliant par dp les deux membres de l'intégrale

$$\int_0^\infty \frac{\cos pt dt}{t^2+q^2} = \frac{\pi}{2q} e^{-pq},$$

et, en intégrant entre les limites o et p, nous obtenons :

$$\int_0^\infty \frac{\sin pt}{t^2+q^2}\frac{dt}{t} = \frac{\pi}{2q^2}\left(1-e^{-pq}\right), \tag{6}$$

en généralisant par rapport à p nous avons

$$\int_0^\infty \frac{\varphi(x+pt\sqrt{-1}-\varphi(x-pt\sqrt{-1})}{t^2+q^2}\frac{dt}{t} = \frac{\pi\sqrt{-1}}{q^2}\{\varphi(x)-\varphi(x-pq)\} \tag{7}$$

en supposant dans la formule (6) $q = q\sqrt{-1}$ il en résultera :

$$\int_0^\infty \frac{\sin pt}{q^2-t^2}\frac{dt}{t} = \frac{\pi}{2q^2}\left(1-\cos pq+\sin pq\sqrt{-1}\right), \tag{8}$$

formule qu'on ne saurait réduire à

$$\int_0^\infty \frac{\sin pt}{q^2-t^2}\frac{dt}{t} = \frac{\pi}{2q^2}(1-\cos pq).$$

Ainsi que l'ont fait Cauchy (p. 19, 511) et Schlömich (stud. 11. 15), car ainsi l'on supprimerait l'intégrale singulière dont la valeur est $\frac{\pi}{2q^2}\sin pq\sqrt{-1}$.

On peut d'ailleurs le reconnaître en généralisant l'équation (8) par rapport à p, on obtient en effet

$$\int_0^\infty \frac{\varphi(x+pt\sqrt{-1})-\varphi(x-pt\sqrt{-1})}{q^2-t^2}\frac{dt}{t} =$$

$$= \frac{\pi\sqrt{-1}}{q^2}\{\varphi(x)-\varphi(x-pq\sqrt{-1}\},$$

formule que l'on déduit de l'égalité (6) en changeant q en $q\sqrt{-1}$.

§ 20. — Si nous généralisons, par rapport à a, les deux membres de l'intégrale

$$\int_0^\infty e^{-t^2-\frac{a^2}{4t^2}}\,dt = \frac{\sqrt{\pi}}{2}e^{-a},$$

nous en déduirons en remarquant que

$$Ge^{-\frac{a^2u^2}{4t^2}} = \frac{1}{\sqrt{\pi}}\int_0^\infty e^{-v^2}\left\{\varphi\left(x+\frac{av}{t}\sqrt{-1}\right)+\varphi\left(x-\frac{av}{t}\sqrt{-1}\right)\right\}dt,$$

la relation

$$\int_0^\infty e^{-t^2}dt\int_0^\infty e^{-v^2}\left\{\varphi\left(x+\frac{av}{t}\sqrt{-1}\right)+\right.$$
$$\left.+\varphi\left(x-\frac{av}{t}\sqrt{-1}\right)\right\}dv = \frac{\pi}{2}\varphi(x-a),$$

différentiant cette identité n fois par rapport à a, nous aurons en remplaçant $\varphi^{(n)}$ par φ

$$\int_0^\infty e^{-t^2}\frac{dt}{t^n}\int_0^\infty e^{-v^2}v^n\left\{\varphi\left(x+\frac{av}{t}\sqrt{-1}\right)+\right.$$
$$\left.+\varphi\left(x-\frac{av}{t}\sqrt{-1}\right)\right\}dv = \frac{\pi(-1)^n\varphi(x+a)}{2(\sqrt{-1})^n},$$

et en faisant $a = o$

$$(1)\quad \int_0^\infty \frac{e^{-t^2}dt}{t^n}\int_0^\infty e^{-v^2}v^n dv\,\frac{(-1)^n\pi}{2(\sqrt{-1})^n\left(1+(-1)^n\right)} = \frac{\pi}{4\cos\frac{n\pi}{2}}$$

Cela posé, la formule connue

$$\int_0^\infty e^{-at}\,t^{n-1}\,dt = \frac{\Gamma(n)}{a^n}$$

nous donne en posant $n = \frac{2n+1}{2}$ et $t = t^m$

$$\int_0^\infty e^{-at^m}\,t^{mn+\frac{m}{2}-1}\,dt = \frac{\Gamma\left(\frac{2n+1}{2}\right)}{ma^n\sqrt{a}}$$

et en supposant $mn + \frac{m}{2} - 1 = K$, nous obtiendrons :

(2) $$\int_0^\infty e^{-at^m} t^k dk = \frac{\Gamma\left(\frac{k+1}{m}\right)}{ma^{\frac{k+1}{m}}}$$

mais comme à l'aide de cette identité

$$\int_0^\infty \frac{e^{-t^2}\,dt}{t^n} = \frac{1}{2}\Gamma\left(\frac{1-n}{2}\right) \qquad \int_0^\infty e^{-v^2} v^n\,dv = \frac{1}{2}\Gamma\left(\frac{1+n}{2}\right)$$

l'égalité (1) donnera la relation connue

(3) $$\Gamma\left(\frac{1-n}{2}\right)\Gamma\left(\frac{1+n}{2}\right) = \frac{\pi}{\cos\frac{n\pi}{2}}$$

§ **21.** — En faisant la somme de la formule (7) du § **17** et de la formule (a) du § **19**, nous obtenons :

$$G\frac{1}{a^4 - b^4u^4} = \frac{1}{2a^2 2ab}\int_0^\infty \left\{\varphi(x+y\sqrt{-1}) + \varphi(x-y\sqrt{+1})\right\}dy\left[e^{-\frac{a}{b}y\sqrt{-1}}\sqrt{-1} + e^{-\frac{a}{b}y}\right]$$

d'autre part la formule (9) du § **9** donne

$$G\frac{1}{a^4 - b^4u^4} = \frac{1}{\pi}\int_0^\infty \left\{\varphi(x+y\sqrt{-1}) + \varphi(x-y\sqrt{-1})\right\}dy\int_0^\infty \frac{\cos yv}{a^4 - b^4v^4}\,dv$$

en faisant la comparaison de ces deux formules on déduit :

(1) $$\int_0^\infty \frac{\cos yv}{a^2 - b^4v^4}\,dv = \frac{\pi}{2a^2\,2a\,b}\left\{\sqrt{-1}\,e^{-\frac{a}{b}y\sqrt{-1}} + e^{-\frac{a}{b}y}\right\}$$

en posant dans cette égalité $b = b\sqrt{\sqrt{-1}}$, nous aurons

$$\int_0^\infty \frac{\cos yv}{a^4 + b^4v^4}\,dv = \frac{\pi}{2a^2.2ab}\left\{\frac{\sqrt{-1}\,e^{-\frac{a}{b}\frac{\sqrt{-1}}{\sqrt{\sqrt{-1}}}} + e^{-\frac{ay}{b\sqrt{\sqrt{-1}}}}}{\sqrt{\sqrt{-1}}}\right.$$

que nous pouvons écrire, en remarquant que $\sqrt{\sqrt{-1}} = \frac{1}{\sqrt{2}}(1 + \sqrt{-1})$ sous la forme

(2) $$\int_0^\infty \frac{\cos yv}{a^4 + b^4v^4}\,dv = \frac{\pi e^{-\frac{ay}{b\sqrt{2}}}}{ba^2\,2\sqrt{2}}\left\{\cos\frac{ay}{b\sqrt{2}} + \sin\frac{ay}{b\sqrt{2}}\right\}$$

En posant dans la formule (1) $\Psi(b) = \frac{1}{b}\left(e^{-\frac{a}{b}y} + e^{-\frac{a}{b}y\sqrt{-1}}\sqrt{-1}\right)$

nous pourrons la mettre sous la forme

$$\int_0^\infty \frac{\cos yv}{a^4 - b^4v^4}\,dv = \frac{\pi}{4a^3}\,\Psi(b)$$

nous en déduirons successivement

$$\int_0^\infty \frac{\cos yv}{a^8 - b^8v^8}\,dv = \frac{\pi}{2^3a^7}\left\{\Psi(b) + \Psi\left(b\sqrt{\sqrt{-1}}\right)\right\}$$

$$\int_0^\infty \frac{\cos yv}{a^8 + b^8v^8}\,dv = \frac{\pi}{2^3a^7}\left\{\Psi\left(b\sqrt{\sqrt{\sqrt{-1}}}\right) + \Psi\left(b\sqrt{\sqrt{\sqrt{-1}}}\sqrt{\sqrt{-1}}\right)\right\}$$

et ainsi de suite.

On pourra donc exprimer les valeurs des intégrales $\int_0^\infty \frac{\cos yv}{a^{2^n} \pm b^{2^n}v^{2^n}}\,dv.$

§ **22.** — La formule (9) du § **9** nous donne

$$G\,\frac{1}{a^4 + b^4u^4} = \frac{1}{\pi}\int_0^\infty \left\{\varphi(x+y\sqrt{-1}) + \varphi(x-y\sqrt{-1})\right\}dy \int_0^\infty \frac{\cos yv}{a^4+b^4v^4}\,dv$$

en remplaçant l'intégrale $\int_0^\infty \frac{\cos yv}{a^4 + b^4v^4}\,dv$ par sa valeur donnée par la formule (2) du § précédent, nous aurons

$$(1)\quad \left\{\begin{aligned} &G\,\frac{1}{a^4+b^4u^4} = \\ &\frac{1}{2\sqrt{2}ba^3}\int_0^\infty \left\{\varphi(x+y\sqrt{-1}) + \varphi(x-y\sqrt{-1})\right\} e^{-\frac{ay}{b\sqrt{2}}}\left(\cos\frac{ay}{b\sqrt{2}} + \sin\frac{ay}{b\sqrt{2}}\right)dy \end{aligned}\right.$$

cela posé, si dans l'intégrale connue $\int_0^\infty e^{-bt}\sin at\,dt = \frac{a}{a^2 + b^2}$ nous faisons $a = a^2$, $b = b^2u^2$, nous obtiendrons :

$$\int_0^\infty e^{-b^2tu^2}\sin a^2t\,dt = \frac{a^2}{a^4 + b^4u^4}$$

et par suite en généralisant

$$G \frac{1}{a^4 + b^4 u^4} = \frac{1}{a^2} \int_0^\infty \sin a^2 t \, dt G e^{-b^2 t u^2}$$

en remplaçant $Ge^{-b^2tu^2}$ par sa valeur, il en résultera en faisant $t = t^2$

$$(2) \quad \left\{ \begin{aligned} & G \frac{1}{a^4 + b^4 u^4} = \frac{1}{\sqrt{\pi} b a^2} \int_0^\infty \{ \varphi(x + y\sqrt{-1}) + \\ & + \varphi(x - y\sqrt{-1}) \} dy \int_0^\infty e^{-\frac{y^2}{4b^2t^2}} \sin a^2 t^2 dt \end{aligned} \right.$$

la comparaison de ces relations (1) et (2) donne en posant $b = \frac{b}{\sqrt{2}}$

$$(3) \quad \int_0^\infty e^{-\frac{y^2}{2b^2t^2}} \sin a^2 t^2 dt = \frac{\sqrt{\pi}}{2\sqrt{2}\,a} e^{-\frac{a}{b}y} \left(\cos \frac{ay}{b} + \sin \frac{ay}{b} \right)$$

Si, dans l'intégrale $\sqrt{\pi} = \int_{-\infty}^{\infty} e^{-t^2} dt$ nous posons $t = t - p$, nous en déduirons $\sqrt{\pi}\, e^{p^2} = \int_{-\infty}^{\infty} e^{2pt - t^2} dt$ et en posant $p = u\sqrt{a}$ et en généralisant, nous obtiendrons :

$$Ge^{au^2} = \frac{1}{2\sqrt{a\pi}} \int_0^\infty e^{-\frac{v^2}{4a}} \{ \varphi(x + v) + \varphi(x - v) \} dv$$

en posant $a = a\sqrt{-1}$ nous aurons :

$$Ge^{au^2\sqrt{-1}} = \frac{1 - \sqrt{-1}}{2\sqrt{2\pi a}} \int_0^\infty \left[\cos\frac{v^2}{4a} + \sin\frac{v^2}{4a}\sqrt{-1} \right] \{ \varphi(x+v) + \varphi(x-v) \} dv$$

que nous pouvons écrire

$$G(\cos au^2 + \sin au^2\sqrt{-1}) =$$

$$= \frac{1}{2\sqrt{2\pi a}} \int_0^\infty \cos\frac{v^2}{4a} + \sin\frac{v^2}{4a} + (\sin\frac{v^2}{4a} - \cos\frac{v^2}{4a})\sqrt{-1} \{ \varphi(x+v) + \varphi(x-v) \} dv$$

nous aurons ainsi :

$$\mathrm{G}\cos au^2 = \frac{1}{2\pi}\int_0^\infty (\sin v^2 + \cos v^2)\left\{ \varphi(x + 2\sqrt{a}v) = \varphi(x - 2\sqrt{a}v) \right\} dv$$

$$\mathrm{G}\sin au^2 = \frac{1}{2\pi}\int_0^\infty (\sin v^2 - \cos v^2)\left\{ \varphi(x - 2\sqrt{a}v) + \varphi(x - 2\sqrt{a}v) \right\} dv$$

en dégénéralisant ces deux formules et en posant ensuite $a = y$ et $u^2 = u$, nous obtiendrons :

$$\cos yu = \frac{1}{\sqrt{2\pi}}\int_{-\infty}^{\infty} e^{-2\sqrt{y}v\sqrt{u}}(\sin v^2 + \cos v^2)dv$$

$$\sin yu = \frac{1}{\sqrt{2\pi}}\int_{-\infty}^{\infty} e^{-2\sqrt{y}v\sqrt{u}}(\sin v^2 - \cos v^2)dv$$

effectuant de nouveau sur les deux membres de ces égalités l'opération G, nous parvenons aux deux formules

$$\varphi(x + y\sqrt{-1}) + \varphi(x - y\sqrt{-1}) = \sqrt{\frac{2}{\pi}}\int_{-\infty}^{\infty} (\sin v^2 + \cos v^2)dv\,\mathrm{G}e^{-2\sqrt{y}v\sqrt{u}}$$

$$\varphi(x + y\sqrt{-1}) - \varphi(x - y\sqrt{-1}) = \sqrt{\frac{2}{\pi}}\int_{-\infty}^{\infty} (\sin v^2 - \cos v^2)dv\,\mathrm{G}e^{-2\sqrt{y}v\sqrt{u}}$$

mais comme

$$\mathrm{G}e^{-2\sqrt{y}v\sqrt{u}} = \frac{1}{\sqrt{\pi}}\int_{-\infty}^{\infty} \frac{e^{-\frac{1}{t^2}}dt}{t^2}\varphi(x - y\,v^2t^2)$$

il en résultera les deux formules

$$\varphi(x+y\sqrt{-1}) + \varphi(x-y\sqrt{-1}) = \sqrt{\frac{2}{\pi}}\int_{-\infty}^{\infty}\int_{-\infty}^{\infty} (\sin v^2 + \cos v^2)\varphi(x - yv^2t^2)\frac{e^{-\frac{1}{t^2}}}{t^2}dvdt$$

$$\varphi(x + y\sqrt{-1}) - \varphi(x - y\sqrt{-1} =$$

$$= \sqrt{-1}\sqrt{\frac{\pi}{2}}\int_{-\infty}^{\infty}\int_{-\infty}^{\infty} (\sin v^2 - \cos v^2)\varphi(x - yv^2t^2)\frac{e^{-\frac{1}{t^2}}}{t^2}dvdt,$$

CHAPITRE V

GÉNÉRALISATION DES FONCTIONS EXPONENTIELLES

§ **23**. — Si, dans l'intégrale $\sqrt{\pi} = \int_{-\infty}^{\infty} e^{-k^2} dk$, nous posons $k = t - \sqrt{a}u$ nous aurons :

$$(1) \qquad e^{au^2} = \frac{1}{\sqrt{\pi}} \int_{-\infty}^{\infty} e^{2\sqrt{a}tu - t^2} dt,$$

et, en généralisant, nous obtiendrons la formule déjà connue (13) du § **9**.

$$(2) \qquad \mathrm{G}e^{au^2} = \frac{1}{\sqrt{\pi}} \int_{-\infty}^{\infty} e^{-t^2} \varphi(x + 2\sqrt{a}t) dt,$$

en faisant dans cette intégrale (1) $u = u^2$ nous aurons :

$$e^{au^4} = \frac{1}{\sqrt{\pi}} \int_{-\infty}^{\infty} e^{2\sqrt{a}tu^2 - t^2} dt,$$

en généralisant nous aurons à l'aide de la formule (2)

$$(3) \qquad \mathrm{G}e^{au^4} = \frac{1}{\pi} \int_{-\infty}^{\infty} \int_{-\infty}^{\infty} e^{-v^2 - t^2} \varphi\left(x + 2^{1+\frac{1}{2}} t v^{\frac{1}{2}} a^{\frac{1}{4}}\right) dt dv,$$

en faisant dans cette même intégrale $u = u^2$ et, en généralisant nous obtiendrons à l'aide de la formule précédente

$$\mathrm{G}e^{au^8} = \frac{1}{\pi^{\frac{3}{2}}} \int_{-\infty}^{\infty} \int_{-\infty}^{\infty} \int_{-\infty}^{\infty} e^{-v^2 - t^2 - w^2} \varphi\left(x + 2^{1+\frac{1}{2}+\frac{1}{4}} t v^{\frac{1}{2}} w^{\frac{1}{4}} a^{\frac{1}{8}}\right) dv dt dv$$

en suivant la même marche nous trouverons généralement :

$$(4)\left\{\begin{aligned}Ge^{au^{2^n}} &= \frac{1}{\pi^{\frac{n}{2}}}\int_{-\infty}^{\infty}\int_{-\infty}^{\infty}\int_{-\infty}^{\infty}\int_{-\infty}^{\infty} e^{-v^2-t^2-w^2-z^2}\varphi(x+ \\ &+ 2^{1+\frac{1}{2}+\frac{1}{4}+\dots+\frac{1}{2^n}} t v^{\frac{1}{2}} w^{\frac{1}{4}} z^{\frac{1}{8}} \dots a^{\frac{1}{2^n}}) dv dt dw dz,\end{aligned}\right.$$

en changeant a en $-a$ dans la formule (3) il en résultera :

$$(5)\quad Ge^{-au^4} = \frac{1}{\pi}\int_{-\infty}^{\infty}\int_{-\infty}^{\infty} e^{-v^2-t^2}\varphi(x + 2(1+\sqrt{-1})t\sqrt{v}\sqrt[4]{a})dvdt.$$

§ 24. — Pour déterminer la valeur de Ge^{au^3} nous multiplierons l'intégrale (1) par e^{bu} nous aurons ainsi

$$e^{bu+au^2} = \frac{1}{\sqrt{\pi}}\int_{-\infty}^{\infty} e^{-t^2+(2\sqrt{a}t+b)u}dt$$

faisant dans cette égalité $u = u^2$ nous obtiendrons en généralisant

$$(6)\quad Ge^{bu^2+au^4} = \frac{1}{\pi}\int_{-\infty}^{\infty}\int_{-\infty}^{\infty} e^{-t^2-v^2}\varphi\left(x+2v\sqrt{2\sqrt{a}t+b}\right)dvdt,$$

en posant dans l'identité (3) $u = 1+u$ et $t = w+\sqrt{a}$ nous en déduirons

$$e^{4au^3} = \frac{1}{\sqrt{\pi}}\int_{-\infty}^{\infty} e^{-w^2+4\sqrt{a}wu+2\sqrt{a}(w-2\sqrt{a})u^2-au^4}dw,$$

changeant dans cette formule a en $\frac{a}{4}$ il en résultera

$$(7)\qquad e^{au^3} = \frac{1}{\sqrt{\pi}}\int_{-\infty}^{\infty} e^{-w^2+2\sqrt{a}wu+\sqrt{a}(w-\sqrt{a})u^2-\frac{au^4}{4}}dw,$$

comme, d'ailleurs la formule (6) donne

$$Ge^{\sqrt{a}(w-\sqrt{a})u^2-\frac{au^4}{4}} = \frac{1}{\pi}\int_{-\infty}^{\infty}\int_{-\infty}^{\infty} e^{-t^2-v^2}\varphi\left(x+2v\sqrt{\sqrt{a}(w+t\sqrt{-1})-a}\right)dvdt$$

nous aurons en généralisant l'égalité (7)

$$(8)\quad Ge^{au^3} = \frac{1}{\pi^{\frac{3}{4}}}\int_{-\infty}^{\infty}\int_{-\infty}^{\infty}\int_{-\infty}^{\infty} e^{-t^2-v^2-w^2}\varphi(x+2\sqrt{a}w + 2v\sqrt{\sqrt{a}(w+t\sqrt{-1})-a})dvdtdw,$$

en multipliant les deux membres de cette même intégrale (7) par e^{au^2} après y avoir posé $a = b$, il en résultera :

$$e^{au^2 + bu^3} = \frac{1}{\sqrt{\pi}} \int_{-\infty}^{\infty} e^{-w^2 + 2\sqrt{b}wu + (\sqrt{b}w + a - b)u^2 - \frac{bu^4}{4}} dw,$$

mais comme

$$Ge^{(\sqrt{b}w - a - b)u^2 - \frac{bu^4}{4}} =$$

$$= \frac{1}{\pi} \int_{-\infty}^{\infty} \int_{-\infty}^{\infty} e^{-t^2 - v^2} \varphi(x + 2v\sqrt{\sqrt{b}(w + t\sqrt{-1}) + a - b})dvdt,$$

nous obtiendrons :

$$(9) \quad \left\{ \begin{aligned} Ge^{au^2 + bu^3} = \frac{1}{\pi^{\frac{3}{2}}} \int_{-\infty}^{\infty} \int_{-\infty}^{\infty} \int_{-\infty}^{\infty} e^{-t^2 - v^2 - w^2} \varphi(x + 2\sqrt{b}w + \\ + 2v\sqrt{\sqrt{b}(w + t\sqrt{-1}) + a - b})dvdtdw. \end{aligned} \right.$$

On déterminerait d'une manière analogue les valeurs de Ge^{au^5}, Ge^{au^6} — Ge^{au^n}.

§ **25**. — En écrivant l'intégrale

$$e^{-q} = \frac{2}{\pi} \int_0^{\infty} \frac{t \sin t}{q^2 + t^2} dt,$$

sous les formes

$$e^{-\frac{a}{u}} = \frac{2}{\pi} \int_0^{\infty} \frac{u^2 t \sin t dt}{a^2 + t^2 u^2} \quad \frac{e^{-\frac{a}{u}}}{u} = \frac{2}{\pi} \int_0^{\infty} \frac{ut \sin t dt}{a^2 + t^2 u^2} \quad \frac{e^{-\frac{a}{u}}}{u^2} = \frac{2}{\pi} \int_0^{\infty} \frac{t \sin t dt}{a^2 + t^2 u^2}$$

nous aurons à l'aide des formules (10) (8) et (7) du § **17**.

$$(1) \quad \left\{ \begin{aligned} Ge^{-\frac{a}{u}} = \varphi(x) - \frac{a}{\pi} \int_0^{\infty} \int_0^{\infty} e^{-\frac{ay}{t}} \frac{\sin t}{t^2} \{ \varphi(x + y\sqrt{-1}) + \\ + \varphi(x - y\sqrt{-1}) \} dydt, \end{aligned} \right.$$

$$(2) \quad \left\{ \begin{aligned} G\frac{e^{-\frac{a}{u}}}{u} = \frac{1}{\pi\sqrt{-1}} \int_0^{\infty} \int_0^{\infty} e^{-\frac{ay}{t}} \frac{\sin t}{t} \{ \varphi(x + y\sqrt{-1}) - \\ - \varphi(x - y\sqrt{-1} \} dydt, \end{aligned} \right.$$

$$(3)\quad \left\{ \begin{array}{l} G\,\dfrac{e^{-\frac{u}{a}}}{u^2} = \dfrac{1}{\pi a}\displaystyle\int_0^\infty\int_0^\infty e^{-\frac{ay}{t}} \sin t \left\{ \varphi(x + y\sqrt{-1}) + \right. \\ \qquad\qquad \left. + \varphi(x - y\sqrt{-1}) \right\} dydt. \end{array} \right.$$

En posant dans la formule (1) $t = \frac{1}{h}$ nous pourrons l'écrire sous la forme plus simple

$$(4)\ Ge^{-\frac{a}{u}} = \varphi(x) - \frac{a}{\pi}\int_0^\infty\int_0^\infty e^{-ahy} \sin\frac{1}{h}\left\{\varphi(x+y\sqrt{-1}) + \varphi(x-y\sqrt{-1})\right\} dhdy$$

dégénéralisant cette formule, nous aurons en remarquant que

$$\int_0^\infty e^{-ahy}\cos yudy = \frac{ah}{u^2 + a^2h^2}$$

l'intégrale

$$\int_0^\infty \frac{h\sin\frac{1}{h}}{u^2 + a^2h^2}\,dh = \frac{\pi}{2a^2}\left(1 - e^{-\frac{a}{u}}\right),$$

différentiant l'égalité (1) par rapport à a nous obtiendrons :

$$(5)\ G\frac{e^{-\frac{a}{u}}}{u^n} = \pi\sqrt{-1}\int_0^\infty\int_0^\infty e^{-\frac{ay}{t}}\frac{y^{n-1}}{t^{n+1}}\sin t\left\{\varphi(x+y\sqrt{-1}) - \varphi(x-y\sqrt{-1})\right) dydt.$$

Si, dans l'intégrale $e^{-mp} = \frac{2}{\pi}\int_0^\infty \frac{y\sin py}{m^2+y^2}\,dy$ nous posons $m = \frac{1}{u+a}$ il en résultera :

$$(6)\qquad e^{-\frac{p}{u+a}} = \frac{2}{\pi}\int_0^\infty \frac{\sin py}{y}\left(1 - \frac{1}{y^2}\,\frac{1}{(u+a)^2 + \frac{1}{y^2}}\right)dy,$$

en généralisant, et, en remarquant que l'intégrale $\int_0^\infty \frac{\sin py}{y}\,dy = \frac{\pi}{2}$ nous aurons :

$$Ge^{-\frac{p}{u+a}} = \varphi(x) - \frac{2}{\pi}\int_0^\infty \frac{\sin py}{y^3}\,dy\ G\,\frac{1}{(u+a)^2 + \frac{1}{y^2}},$$

la formule (16) du § **17** nous donne

$$G\frac{1}{u^2+2au+b}=\frac{1}{\sqrt{b-a^2}}\int_0^{\infty}e^{-av}\sin v\sqrt{b-a^2}\varphi(x-v)dv.$$

en y faisant $b=a^2+\frac{1}{y^2}$ nous aurons :

$$G\frac{1}{(u+a)^2+\frac{1}{y^2}}=y\int_0^{\infty}e^{-av}\sin\frac{v}{y}\varphi(x-v)dv,$$

égalité qui permettra d'écrire la formule précédente sous la forme

$$Ge^{-\frac{p}{u+a}}=\varphi(x)-\frac{1}{\pi}\int_0^{\infty}\int_0^{\infty}\frac{\sin py}{y^2}\sin\frac{v}{y}e^{-av}\varphi(x-y)dydv.$$

et, en posant $y=\frac{1}{h}$

$$(7)\quad Ge^{-\frac{p}{u+a}}=\varphi(x)-\frac{2}{\pi}\int_0^{\infty}\int_0^{\infty}e^{-av}\sin\frac{p}{h}\sin hv\varphi(x-v)dhdv$$

qu'on peut écrire en faisant $p=\frac{p}{a}$ et $a=\frac{b}{a}$ sous la forme

$$(8)\quad Ge^{-\frac{p}{au+b}}=\varphi(x)-\frac{2}{\pi}\int_0^{\infty}\int_0^{\infty}e^{-\frac{b}{a}v}\sin\frac{p}{ah}\sin hv\varphi(x-v)dvdh$$

dégénéralisant, nous aurons en remplaçant p par pu et en généralisant de nouveau

$$(9)\quad Ge^{\frac{pu}{au+b}}=\varphi(x)-\frac{1}{\pi\sqrt{-1}}\int_0^{\infty}\int_0^{\infty}e^{-\frac{b}{a}v}\sin hv\left\{\varphi\left(x-v+\frac{p}{ah}\sqrt{-1}\right)-\right.$$
$$\left.-\varphi\left(x-v-\frac{p}{ah}\sqrt{-1}\right)\right\}dhdv.$$

Pour obtenir la valeur de $Ge^{\frac{p}{u^2}}$ il suffit de remplacer dans l'intégrale

$e^{-mp}=\frac{2}{\pi}\int_0^{\infty}\frac{y\sin py}{m^2+y^2}dym$ par $\frac{1}{u^2}$, nous en déduirons :

$$\mathrm{G}e^{-\frac{p}{u^2}} = \frac{2}{\pi}\int_0^{\infty} y \sin py dy \mathrm{G}\frac{u^2}{1+y^2u^2}.$$

§ **26**. — En écrivant la formule (5) du § **12** sous la forme

$$(1) \qquad e^{-a\sqrt{u}} = \frac{1}{\sqrt{\pi}}\int_{-\infty}^{\infty} e^{-\omega^2 - \frac{a^2}{(2\omega)^2}u} d\omega$$

on en déduit en posant $u = \sqrt{u}$ à l'aide de la formule que nous venons de rappeler

$$(2) \qquad e^{-a\sqrt[4]{u}} = \frac{1}{\pi}\int_{-\infty}^{\infty}\int_{-\infty}^{\infty} e^{-\omega^2 - \omega'^2 - \frac{a^4}{(2\omega)^4(2\omega')^2}u} d\omega d\omega'$$

nous trouverons de même

$$(3) \qquad e^{-a\sqrt[8]{u}} = \frac{1}{\pi^{3/2}}\int_{-\infty}^{\infty}\int_{-\infty}^{\infty}\int_{-\infty}^{\infty} e^{-\omega^2 - \omega'^2 - \omega''^2 - \ldots - \frac{a^8}{(2\omega)^8(2\omega')^4(2\omega'')^2}u} d\omega d\omega' d\omega''$$

et généralement

$$(n) \qquad \mathrm{G}e^{-a\sqrt[2^n]{u}} = \frac{1}{\pi^{\frac{n}{2}}}\int_{-\infty}^{\infty}\int_{-\infty}^{\infty}\ldots\int_{-\infty}^{\infty} e^{-\omega^2 - \omega'^2 - \ldots - (\omega^{(n)})^2 - \frac{a^{2^n}}{(2\omega)^{2^n}(2\omega'^2)^{n-1}\ldots(2\omega^{(n)})^2}u} d\omega d\omega' \ldots d\omega^{(n)}$$

en généralisant ces formules nous trouvons :

$$(4) \qquad \mathrm{G}e^{-a\sqrt{u}} = \frac{1}{\sqrt{\pi}}\int_{-\infty}^{\infty} e^{-\omega^2}\varphi\left(x - \frac{a^2}{(2\omega)^2}\right)d\omega$$

$$(5) \qquad \mathrm{G}e^{-a\sqrt[4]{u}} = \frac{1}{\pi}\int_{-\infty}^{\infty}\int_{-\infty}^{\infty} e^{-\omega^2 - \omega'^2}\varphi\left(x - \frac{a^4}{(2\omega)^4(2\omega')^2}\right)d\omega d\omega'$$

$$(6) \qquad \mathrm{G}e^{-a\sqrt{u}} = \frac{1}{\pi^{3/2}}\int_{-\infty}^{\infty}\int_{-\infty}^{\infty}\int_{-\infty}^{\infty} e^{-\omega^2 - \omega'^2 - \omega''^2}\varphi\left(x - \frac{a^8}{(2\omega)^8(2\omega')^4(2\omega'')^2}\right)d\omega d\omega' d\omega''$$

et ainsi de suite.

§ **27**. — Il est important de se rendre compte que, sans l'inconvénient d'avoir pour représenter une même fonction, plusieurs équations de définition, on ne devrait réellement n'adopter comme équation de définition de la formule φ que la seule équation

$$\mathrm{G}e^{au} = \varphi(a) \tag{1}$$

si donc nous posons

$$\mathrm{G}e^{au} = \varphi(x + a) \tag{2}$$

la présence de cette constante x, dans le second membre, doit également se trouver dans le premier, on devrait donc écrire en faisant $a = x + a$ dans l'égalité (1)

$$\mathrm{G}e^{(x + a)u} = \varphi(x + a)$$

on reconnaît ainsi que si l'on prend l'égalité (2) comme équation de définition de la fonction φ, au lieu de généraliser simplement une fonction c'est cette fonction, toujours multipliée par le facteur e^{xu}, que l'on généralise ainsi que nous l'avons exposé dans le § **1**. Quoiqu'on ne fasse pas figurer ce facteur qui se réduit à l'unité, lorsqu'on pose $x = o$, il ne faut pas perdre de vue que la présence de cette quantité constante x, qui est indispensable dans plusieurs cas, est due à cette circonstance.

Dans tous les cas, l'introduction de ce facteur ne change rien à la marche du calcul, mais on pourrait être induit en erreur en ne tenant pas compte de la remarque que nous venons de faire.

Nous allons, sur un exemple particulier, faire comprendre la portée de notre observation.

Soit l'identité

$$\frac{1}{1 - e^{au}} = 1 + e^{au} + e^{2au} + \ldots = \sum_{n=0}^{n=\infty} e^{nau}$$

nous en déduirons par la généralisation des deux membres en prenant l'équation (2) comme équation de définition

$$\mathrm{G}\frac{1}{1 - e^{au}} = \sum_{n=0}^{n=\infty} \varphi(x + an).$$

Cela posé, on pourrait supposer que, pour obtenir la généralisation de la fonction $\frac{1}{1 - e^{-au}}$ il suffirait de poser dans cette formule $a = -a$ et d'écrire :

$$\mathrm{G}\frac{1}{1 - e^{-au}} = \sum_{n=0}^{n=\infty} \varphi(x - an)$$

c'est à reconnaître que ce résultat est tout à fait erroné que tend notre remarque.

En effet, si l'on considère l'identité

$$\frac{1}{1 - e^{au}} = 1 - \frac{1}{1 - e^{-au}}$$

nous aurons en généralisant les deux membres

$$G\frac{1}{1 - e^{au}} = G1 - G\frac{1}{1 - e^{-au}}$$

et, par suite, en remplaçant chaque terme par les valeurs précédentes il en résultera l'identité évidemment absurde

$$\sum_{n=0}^{n=\infty} \varphi(x + an) = \varphi(x) - \sum_{n=0}^{n=\infty} \varphi(x - an)$$

mais, si l'on remarque qu'en prenant $Ge^{xu} = \varphi(x + a)$ comme équation de définition c'est réellement l'identité

$$\frac{e^{xu}}{1 - e^{au}} = e^{xu} - \frac{e^{xu}}{1 - e^{-au}}$$

sur laquelle s'est effectuée la généralisation.

D'un autre côté comme cette égalité peut s'écrire sous la forme

$$\frac{e^{xu}}{1 - e^{au}} = e^{xu} + \frac{e^{(x + a)u}}{1 - e^{au}}$$

on obtiendra, par la généralisation, l'identité exacte

$$\sum_{n=0}^{n=\infty} \varphi(x + an) = \varphi(x) + \sum_{n=0}^{n=\infty} \varphi(x + (n + 1)a).$$

L'observation que nous venons de présenter est particulièrement applicable à la détermination des formules que nous allons établir.

§ **28.** — Si nous remarquons que, par le développement en séries, nous avons

$$\frac{e^{su}}{pe^{bu} - me^{au}} = \frac{1}{p} e^{(s - b)u} \left\} 1 + \frac{m}{p} e^{(a - b)u} + \frac{m^2}{p^2} e^{2(a - b)u} + \dots \right\{$$

en généralisant les deux membres nous obtiendrons

$$G\frac{e^{su}}{pe^{bu} - me^{au}} = \frac{1}{p} \sum_{n=0}^{n=\infty} \left(\frac{m}{p}\right)^n \varphi(x + s - b + (a - b)n)$$

changeant s en r nous aurons

$$G\,\frac{e^{ru}}{pe^{bu}-me^{au}}=\frac{1}{p}\sum_{n=0}^{n=\infty}\left(\frac{m}{p}\right)^n\varphi(x+r-b+(a-b)n)$$

de ces deux formules on déduit :

$$(1)\quad\left\{\begin{aligned}G\,\frac{he^{su}+ke^{ru}}{pe^{bu}-me^{au}}=\frac{1}{p}\sum_{n=0}^{n=\infty}\left(\frac{m}{p}\right)^n\{h\varphi(x+s-b+(a-b)n+\\+k\varphi(x+r-b+(a-b)n)\}\end{aligned}\right.$$

changeant m en $-m$ nous aurons :

$$(2)\quad\left\{\begin{aligned}G\,\frac{he^{su}+ke^{ru}}{pe^{bu}-me^{au}}=\frac{1}{p}\sum_{n=0}^{n=\infty}(1-1)^n\left(\frac{m}{p}\right)^n\{h\varphi(x+s-b+(a-b)n)+\\+k\varphi(x+n-b+(a-b)n)\}\end{aligned}\right.$$

Nous obtiendrons, comme cas particulier de ces deux formules, en tenant compte des formules de transformation des séries en intégrales définies qui feront le sujet d'une des applications importantes du calcul de généralisation.

$$(3)\quad\left\{\begin{aligned}G\,\frac{1}{1-e^{au}}=\sum_{n=0}^{n=\infty}\varphi(x+na)=-\frac{1}{2}\varphi(x)+\\+\frac{1}{2\sqrt{-1}}\int_{-\infty}^{\infty}\frac{e^{\pi y}+e^{-\pi y}}{e^{\pi y}-e^{-\pi y}}\varphi(x+ay\sqrt{-1})dy.\end{aligned}\right.$$

$$(4)\quad\left\{\begin{aligned}G\,\frac{1}{1+e^{au}}=\sum_{n=0}^{n=\infty}(-1)^n\varphi(x+na)=\\=\frac{1}{2}\varphi(x)-\frac{1}{\sqrt{-1}}\int_{-\infty}^{\infty}\frac{\varphi(x+ay\sqrt{-1})}{e^{\pi y}-e^{-\pi y}}dy.\end{aligned}\right.$$

$$(5)\quad\left\{\begin{aligned}G\,\frac{1}{1-e^{-au}}=-\sum_{n=1}^{n=\infty}\varphi(x+na)=\\=\frac{3}{2}\varphi(x)-\frac{1}{2\sqrt{-1}}\int_{-\infty}^{\infty}\frac{e^{\pi y}+e^{-\pi y}}{e^{-\pi y}-e^{\pi y}}\varphi(x+ay\sqrt{-1})dy.\end{aligned}\right.$$

$$(6)\quad \begin{cases} G\dfrac{1}{1+e^{-au}} = \displaystyle\sum_{n=0}^{n=\infty} (-1)^{n-1}\varphi(x+na) = \\ = \dfrac{1}{2}\varphi(x) + \dfrac{1}{\sqrt{-1}}\displaystyle\int_{-\infty}^{\infty} \dfrac{\varphi(x+ay\sqrt{-1})}{e^{\pi y}-e^{-\pi y}}\,dy. \end{cases}$$

$$(7)\quad \begin{cases} G\dfrac{1}{e^{au}-e^{-au}} = -\displaystyle\sum_{n=0}^{n=\infty} \varphi(x+(2n+1)a) = \\ = \dfrac{1}{4\sqrt{-1}}\displaystyle\int_{-\infty}^{\infty} \dfrac{1-e^{\pi y}}{1+e^{\pi y}}\,\varphi(x+ay\sqrt{-1})dy. \end{cases}$$

$$(8)\quad \begin{cases} G\dfrac{1}{e^{au}+e^{-au}} = \displaystyle\sum_{n=0}^{n=\infty} (-1)^{n}\varphi(x+(2n+1)a) = \\ = \dfrac{1}{2}\displaystyle\int_{-\infty}^{\infty} \dfrac{\varphi(x+ay\sqrt{-1})}{e^{\frac{\pi y}{2}}+e^{-\frac{\pi y}{2}}}\,dy. \end{cases}$$

$$(9)\quad \begin{cases} G\dfrac{1}{e^{bu}-e^{au}} = \displaystyle\sum_{n=0}^{n=\infty} \varphi(x-b+(a-b)n) = \\ = -\dfrac{1}{2}\varphi(x-b) + \dfrac{1}{2\sqrt{-1}}\displaystyle\int_{-\infty}^{\infty} \dfrac{e^{\pi y}+e^{-\pi y}}{e^{\pi y}-e^{-\pi y}}\,\varphi(x+(a-b)y\sqrt{-1}\,dy. \end{cases}$$

$$(10)\quad \begin{cases} G\dfrac{1}{e^{bu}+e^{au}} = \displaystyle\sum_{n=0}^{n=\infty} (-1)^{n}\varphi(x-b+(a-b)n) = \\ = \dfrac{1}{2}\varphi(x-b) - \dfrac{1}{a\sqrt{-1}}\displaystyle\int_{-\infty}^{\infty} \dfrac{\varphi(x+y\sqrt{-1})}{e^{\frac{\pi y}{a-b}}-e^{-\frac{\pi y}{a-b}}}\,dy. \end{cases}$$

$$(11)\quad \begin{cases} G\dfrac{e^{bu}}{1-e^{au}} = \displaystyle\sum_{n=0}^{n=\infty} \varphi(x+b+an) = \\ = -\dfrac{1}{2}\varphi(x+b) + \dfrac{1}{2\sqrt{-1}}\displaystyle\int_{-\infty}^{\infty} \dfrac{e^{\pi y}+e^{-\pi y}}{e^{\pi y}-e^{-\pi y}}\,\varphi(x+b+ay\sqrt{-1})dy. \end{cases}$$

$$(12)\quad \left\{\begin{aligned} & G\,\frac{e^{bu}}{1+e^{au}} = \sum_{n=0}^{n=\infty} (-1)^n\, \varphi(x+b+an) = \\ & = \frac{1}{2}\,\varphi(c(s\,x+b) - \frac{1}{\sqrt{-1}} \int_{-\infty}^{\infty} \frac{\varphi(x+b+ay\sqrt{-1})}{e^{\pi y}-e^{-\pi y}}. \end{aligned}\right.$$

$$(13)\quad \left\{\begin{aligned} & G\,\frac{e^{au}+1}{e^{au}-1} = -\varphi(x) - 2\sum_{n=1}^{n=\infty} \varphi(x+an) = \\ & = \frac{1}{\sqrt{-1}} \int_{-\infty}^{\infty} \frac{e^{\pi y}+e^{-\pi y}}{e^{\pi y}-e^{-\pi y}}\,\varphi(x+ay\sqrt{-1})\,dy. \end{aligned}\right.$$

$$(14)\quad \left\{\begin{aligned} & G\,\frac{e^{au}-1}{e^{au}+1} = -\varphi(x) + 2\sum_{n=1}^{n=\infty} (-1)^{n-1}\varphi(x+an) = \\ & - \frac{1}{\sqrt{-1}} \int_{-\infty}^{\infty} \frac{\varphi(x+ay\sqrt{-1})}{e^{\pi y}-e^{-\pi y}}\,dy. \end{aligned}\right.$$

$$(15)\quad G\,\frac{e^{su}+e^{ru}}{e^{bu}-e^{au}} = \sum_{n=0}^{n=\infty} \begin{aligned}[t] & [\varphi(x+s-b+(a-b)n) + \\ & + \varphi(x+r-b+(a-b)n)]. \end{aligned}$$

$$(16)\quad G\,\frac{e^{su}+e^{ru}}{e^{bu}+e^{au}} = \sum_{n=0}^{n=\infty} \begin{aligned}[t] & (-1)^n [\varphi(x+s-b+(a-b)n) + \\ & + \varphi(x+r-b+(a-b)n)]. \end{aligned}$$

$$(17)\quad G\,\frac{e^{su}-e^{ru}}{e^{bu}-e^{au}} = \sum_{n=0}^{n=\infty} \begin{aligned}[t] & [\varphi(x+s-b+(a-b)n) - \\ & - \varphi(x+r-b+(a-b)n)]. \end{aligned}$$

$$(18)\quad G\,\frac{e^{su}-e^{ru}}{e^{bu}+e^{au}} = \sum_{n=0}^{n=\infty} \begin{aligned}[t] & (-1)^n [\varphi(x+s-b+(a-b)n - \\ & - \varphi(x+r-b+(a-b)n)]. \end{aligned}$$

Nous obtiendrons de même, par le développement en séries.

$$(19)\quad \left\{\begin{aligned} & G\,\frac{h+ke^{bu}}{p-mue^{au}} = \frac{p}{h}\sum_{n=0}^{n=\infty} \left(\frac{m}{p}\right)^n \varphi^{(n)}(x+an) + \\ & + \frac{k}{p}\sum_{n=0}^{n=\infty} \left(\frac{m}{p}\right)^n \varphi^{(n)}(x+b+an), \end{aligned}\right.$$

$$(20)\quad \left\{\begin{aligned} &G\,\frac{h + kue^{bu}}{p - mue^{au}} = \frac{h}{p}\sum_{n=0}^{n=\infty}\left(\frac{m}{p}\right)^{n}\varphi^{(n)}(x + an) + \\ &\qquad + \frac{k}{p}\sum_{n=0}^{n=\infty}\left(\frac{m}{p}\right)^{n}\varphi^{(n+1)}(x + b + an). \end{aligned}\right.$$

En différentiant l'égalité (3) par rapport à a nous aurons :

$$(21)\quad G\,\frac{1}{(1 - e^{au})^{p}} = \frac{1}{\Gamma(p)}\sum_{n=0}^{n=\infty} n(n-1)(n-2)\ldots(n-p+2)\varphi(x+(n-p+1)a).$$

CHAPITRE VI

—

GÉNÉRALISATION DES FONCTIONS LOGARITHMIQUES

§ **29.** — En partant de l'intégrale connue

$$(1) \qquad \log u = \int_0^\infty (e^{-t} - e^{-ut}) \frac{dt}{t}$$

nous en déduirons par la généralisation

$$(2) \qquad \mathrm{G} \log u = \int_0^\infty \left\{ e^{-t} \varphi(x) - \varphi(x-t) \right\} \frac{dt}{t}$$

en posant dans l'intégrale (1) $u = au$ nous aurons

$$\mathrm{G} \log u + \varphi(x) \log a = \varphi(x) \int_0^\infty \frac{e^{-t}\, dt}{t} - \int_0^\infty \varphi(x - at) \frac{dt}{t}$$

en changeant a en b nous aurons de même

$$\mathrm{G} \log u + \varphi(x) \log b = \varphi(x) \int_0^\infty \frac{e^{-t}\, dt}{t} - \int_0^\infty \varphi(x - bt) \frac{dt}{t}$$

en soustrayant ces deux identités il en résultera

$$(3) \qquad \int_0^\infty \left\{ \varphi(x - bt) - \varphi(x - at) \right\} \frac{dt}{t} = \varphi(x) \log \frac{a}{b}$$

intégrale que l'on peut vérifier en posant $b = -b\sqrt{-1}$ et $a = b\sqrt{-1}$, elle se réduit à l'intégrale connue

$$\int_0^\infty \sin bt \frac{dt}{t} = \frac{\pi}{2}.$$

En posant dans cette intégrale $\varphi(x) = e^{x^2}$ il en résultera

$$\int_0^\infty \left(e^{-2bxt + b^2t^2} - e^{-2axt + a^2t^2}\right) \frac{dt}{t} = \log \frac{a}{b}$$

en supposant $x = o$ il en résultera en admettant

$$a = a\sqrt{-1} \text{ et } b = b\sqrt{-1}$$

$$\int_0^\infty e^{-b^2t^2} \frac{dt}{t} + \log b = \int_0^\infty e^{-a^2t^2} \frac{dt}{t} + \log a$$

en désignant par C une constante par rapport à a nous aurons

$$\int_0^\infty e^{-a^2t^2} \frac{dt}{t} = \mathrm{C} - \log a$$

en différentiant par rapport à a et, en désignant par p une valeur positive, nous aurons l'intégrale facile à vérifier

$$\int_0^\infty e^{-pt^2}\, tdt = \frac{1}{2p}$$

différentiant par rapport à p

$$\int_0^\infty e^{-pt^2}\, t^{2n+1}\, dt = \frac{1}{2} \frac{\Gamma(n+1)}{p^{n+1}}$$

en faisant $t = t^{\frac{m}{2}}$ nous en déduirons aisément l'intégrale donnée formule (2) du **21**.

En posant dans l'intégrale (1) $u = a + bu$ nous obtiendrons :

$$\mathrm{G} \log (a + bu) = \int_0^\infty \left\{ e^{-t} \varphi(x) - e^{-at} \varphi(x - bt) \right\} \frac{dt}{t}$$

nous aurons de même

$$\mathrm{G} \log (a' + b'u) = \int_0^\infty \left\{ e^{-t} \varphi(x) - e^{-a't} \varphi(x - b't) \right\} \frac{dt}{t}$$

de ces deux égalités on déduit :

$$(4)\quad \mathrm{G}\log\frac{a+bt}{a'+b't'}=\int_0^\infty \left\{ e^{-a't}\varphi(x-b't)-e^{-at}\varphi(x-bt)\right\}\frac{dt}{t}$$

$$(5)\quad \begin{cases} \mathrm{G}\,\mathrm{Log}\left[(a+bu)\,(a'+b'u)\right]=2\varphi(x)\displaystyle\int_0^\infty \frac{e^{-t}dt}{t}-\\ -\displaystyle\int_0^\infty \left\{ e^{-at}\varphi(x-bt)+e^{-a't}(\varphi(x-b't)\right\}\frac{dt}{t}, \end{cases}$$

on déduit de cette dernière égalité, en posant $a'=a$ et $b'=-b$

$$(6)\quad \begin{cases} \mathrm{G}\,\mathrm{Log}\,(a^2-b^2u^2)=2\varphi(x)\displaystyle\int_0^\infty \frac{e^{-t}dt}{t}-\\ -\displaystyle\int_0^\infty e^{-at}\left\{ \varphi(x-bt)+\varphi(x+bt)\right\}\frac{dt}{t}, \end{cases}$$

changeant b en $b\sqrt{-1}$ nous avons

$$(7)\quad \begin{cases} \mathrm{G}\,\mathrm{Log}\,(a^2+b^2u^2)=2\varphi(x)\displaystyle\int_0^\infty \frac{e^{-t}dt}{t}-\\ -\displaystyle\int_0^\infty e^{-at}\left\{ \varphi(x+bt\sqrt{-1})+\varphi(x-bt\sqrt{-1})\right\}\frac{dt}{t}, \end{cases}$$

dégénéralisant cette formule on a :

$$(8)\quad \int_0^\infty e^{-at}\cos bt\,\frac{dt}{t}=\int_0^\infty \frac{e^{-t}dt}{t}-\mathrm{Log}\,\sqrt{a^2+b^2}.$$

La formule (6) différentiée par rapport à a donne la formule (5) du § **17**. Des formules (6) et (7) on déduit :

$$(9)\quad \mathrm{G}\,\mathrm{Log}\frac{a^2-b^2u^2}{a^2+b^2u^2}=\int_0^\infty e^{-at}\left\{\varphi(x+bt\sqrt{-1})+\varphi(x-bt\sqrt{-1})-\right.$$
$$\left.-\varphi(x+bt)-\varphi(x-bt)\right\}\frac{dt}{t}.$$

Si nous posons dans l'intégrale connue

$$\operatorname{Log}(1+q^2) = 2\int_0^\infty \left(1 - e^{-qt}\right)\frac{\cos t}{t}\,dt,$$

$q = \frac{p}{q}u$ nous aurons en généralisant :

$$G\left(\operatorname{Log}(q^2+p^2u^2) - 2\operatorname{Log} q\right) = 2\varphi(x)\int_0^\infty \frac{\cos t}{t}\,dt - 2\int_0^\infty \varphi\left(x+\frac{p}{q}t\right)\frac{\cos t}{t}\,dt,$$

nous trouverons de même

$$G\left(\operatorname{Log}(q'^2+p'^2u^2) - 2\operatorname{Log} q'\right) = 2\varphi(x)\int_0^\infty \frac{\cos t}{t}\,dt - 2\int_0^\infty \varphi\left(x+\frac{p'}{q'}t\right)\frac{\cos t}{t}\,dt,$$

de ces deux formules on déduit

$$G\operatorname{Log}\frac{q^2+p^2u^2}{q'^2+p'^2u^2} = 2\varphi(x)\operatorname{Log}\frac{q}{q'} + 2\int_0^\infty \left\{\varphi\left(x-\frac{p'}{q'}t\right) - \varphi\left(x-\frac{p}{q}t\right)\right\}\frac{\cos t}{t}\,dt.$$

CHAPITRE VII

—

GÉNÉRALISATION DES FONCTIONS CIRCULAIRES

§ 30. — Soit $\varphi(x)$ une fonction telle que l'équation $\varphi(x) = o$ n'admette que des racines inégales et soit x_n l'une de ces racines l'expression

$$A_1 = \frac{\varphi(x)}{x - x_n},$$

aura pour valeur $\varphi'(x_n)$ lorsque $x = x_n$.

Considérons l'expression

$$A_2 = \frac{d}{dx}\left(\frac{\varphi(x)}{x - x_n}\right),$$

et déterminons-en la valeur pour $x = x_n$.

Nous aurons en différentiant

$$A_2 = \frac{\varphi'(x) - \dfrac{\varphi(x)}{x - x_n}}{x - x_n},$$

et par suite, en faisant le rapport des coefficients différentiels du numérateur et du dénominateur

$$A_2 = \varphi''(x_n) - A_2,$$

équation qui donne

$$A_2 = \frac{\varphi''(x_n)}{2},$$

pour déterminer la valeur de l'expression

$$A_3 = \frac{d^2}{dx^2}\left(\frac{\varphi(x)}{x - x_n}\right),$$

lorsque $x = x_n$ il suffira de l'écrire sous la forme

$$A_3 = \frac{d}{dx}\left(\frac{\varphi'(x) - \frac{\varphi(x)}{x - x_n}}{x - x_n}\right),$$

et en posant

$$\varphi'(x) - \frac{\varphi(x)}{x - x_n} = \Psi(x),$$

nous aurons

$$A_3 = \frac{1}{2}\Psi''(x),$$

mais comme

$$\Psi'(x) = \varphi''(x) - \frac{d}{dx}\left(\frac{\varphi(x)}{x - x_n}\right) \text{ et } \Psi''x = \varphi'''(x) - \frac{d^2}{dx^2}\left(\frac{\varphi(x)}{x - x_n}\right),$$

il en résultera

$$A_3 = \frac{1}{2}\left\{\varphi'''(x_n) - A_3\right\},$$

et par conséquent

$$A_3 = \frac{1}{3}\varphi'''(x),$$

en continuant le même raisonnement nous trouverons généralement

$$A_m = \frac{d^m}{dx^m}\left(\frac{\varphi(x)}{x - x_n}\right) = \frac{1}{m}\varphi^{(m)}(x_n),$$

§ **31.** — Soient maintenant x_0, x_1, x_2, ... x_n, ... x_p les racines inégales qui satisfont à l'équation

$$\varphi(x) = 0.$$

Nous pourrons, en désignant par Z une nouvelle fonction de x, écrire

$$\varphi(x) = (x - x_n)Z,$$

de sorte que la valeur de Z sera égale à $\varphi'(x)$ pour $x = x_n$.

Si nous posons

$$\frac{1}{\varphi(x)} = \frac{N}{x - x_n} + \frac{P}{Z},$$

nous en déduirons

$$1 = N\frac{\varphi(x)}{x - x_n} + P(x - x_n),$$

et en faisant $x = x_n$ il en résultera $N = \frac{1}{\varphi'(x_n)}$ et par conséquent nous aurons :

$$(1) \qquad \frac{1}{\varphi(x)} = \sum_{n=o}^{n=p} \frac{1}{(x - x_n)\,\varphi'(x_n)}.$$

En second lieu, si nous posons

$$(2) \qquad \frac{1}{\varphi(x)^2} = \frac{N}{(x - x_n)^2} + \frac{M}{x - x_n} + \frac{P}{Z},$$

nous en déduirons

$$1 = NZ^2 + M(x - x_n)Z^2 + P(x - x_n)^2 Z,$$

et en supposant $x = x_n$ il en résultera $N = \frac{1}{\varphi'(x_n)^2}$.

En différentiant l'égalité précédente par rapport à x, et, en y faisant $x = x_n$ nous obtiendrons :

$$O = 2N \frac{dZ}{dx} + MZ,$$

et par suite

$$M = -\frac{2N}{Z}\frac{dZ}{dx} = \frac{2}{(\varphi'(x))^3}\frac{d}{dx}\left(\frac{\varphi(x)}{x - x_n}\right) = -\frac{\varphi''(x_n)}{\varphi'(x_n)^3},$$

à l'aide de ces valeurs de N et de M, nous pourrons écrire l'identité (2) sous la forme

$$(3) \qquad \frac{1}{\varphi(x)^2} = \sum_{n=o}^{n=p} \frac{1}{(x - x_n)^2\,\varphi'(x_n)^2} - \sum_{n=o}^{n=p} \frac{\varphi'(x_n)}{(x - x_n)\,\varphi'(x_n)^3}.$$

Il est facile, en suivant la même marche, de déterminer les valeurs de N, M, ... qui satisfont à l'identité

$$\frac{1}{\varphi(x)^m} = \frac{N}{(x - x_n)^m} + \frac{M}{(x - x_n)^{m-1}} + \dots + \frac{P}{Z},$$

et d'en déduire des formules analogues aux identités (1) et (3).

§ **32.** — Si dans la formule (1) du paragraphe précédent nous posons $\varphi(x) = \sin ax$ et $x = u$ nous aurons

$$\frac{1}{\sin au} = \sum_{n=\infty}^{n=-\infty} \frac{(-1)^n}{au - n\pi} = \frac{1}{au} + \sum_{n=1}^{n=\infty} (-1)^n \left\{\frac{1}{au - n\pi} + \frac{1}{au + n\pi}\right\},$$

et en effectuant la généralisation

$$G\frac{1}{\sin au} = \frac{1}{a}G\frac{1}{u} + 2a\sum_{n=1}^{n=\infty}(-1)^{n-1}G\frac{u}{n^2\pi^2 - a^2u^2},$$

qu'on peut écrire

$$G\frac{1}{\sin au} = \frac{1}{a}G\frac{1}{u} + \frac{1}{a}\int_0^{\infty}\left\{\varphi(x+t) - \varphi(x-t)\right\}dt\sum_{n=1}^{n=\infty}(-1)e^{-\frac{n\pi t}{a}},$$

Si l'on remarque que

$$\sum_{n=1}^{n=\infty}(-1)^{n-1}e^{-\frac{n\pi t}{a}} = \frac{e^{-\frac{\pi t}{a}}}{1+e^{-\frac{\pi t}{a}}} = \frac{1}{1+e^{\frac{\pi t}{a}}},$$

$$G\frac{1}{u} = \int_0^{\infty}\varphi(x-t)\,dt,$$

il en résultera

$$(1)\qquad \frac{1}{\sin au} = \frac{1}{a}\int_0^{\infty}\frac{e^{\frac{\pi t}{2a}}\varphi(x-t) + e^{-\frac{\pi t}{2a}}\varphi(x-t)}{e^{\frac{\pi t}{2a}} + e^{-\frac{\pi t}{2a}}}dt = \int_{-\infty}^{\infty}\frac{\varphi(x+at)}{e^{\pi t}+1}dt,$$

supprimant l'opération G nous aurons :

$$\int_0^{\infty}\frac{e^{\frac{\pi t}{2a} - ut} + e^{-\frac{\pi t}{2a} + ut}}{e^{\frac{\pi t}{2a}} + e^{-\frac{\pi t}{2a}}}dt = \frac{a}{\sin au},$$

qu'on peut écrire sous la forme connue

$$(2)\qquad \int_0^{\infty}\frac{e^{pt} + e^{-pt}}{e^{qt} + e^{-qt}}dt = \frac{\pi}{2q\cos\frac{\pi p}{2q}},$$

en posant dans l'identité (1) $e^t = v$ nous obtiendrons

$$G\frac{1}{\sin au} = \frac{1}{a}\int_0^{\infty}\frac{\varphi(x+\log v)}{1+v^{\frac{\pi}{a}}}dv,$$

formule qui, dégénéralisée, donne en supposant $a = \frac{\pi}{n}$ l'intégrale connue

$$(3)\qquad \int_0^{\infty}\frac{v^{u-1}dv}{1+v^n} = \frac{\pi}{n\sin\frac{u\pi}{n}}.$$

Si dans la formule (1) du paragraphe précédent nous posons $\varphi(x) = \cos ax$ et $x = u$ nous en déduirons

$$\frac{1}{\cos au} = 4\pi \sum_{n=0}^{n=\infty} \frac{(-1)^{n-1}(2n+1)}{4a^2u^2 - (2n+1)^2\pi^2},$$

et par conséquent

$$G \frac{1}{\cos au} = \frac{1}{a} \sum_{n=0}^{n=\infty} (-1)^n \int_0^\infty e^{-\frac{2n+1}{2a}\pi t} \left\{ \varphi(x-t) + \varphi(x+t) \right\} dt,$$

que l'on peut écrire

$$(4) \qquad G \sec au = G \frac{1}{\cos au} = \frac{1}{a} \int_0^\infty \frac{\varphi(x-t) + \varphi(x+t)}{e^{\frac{\pi t}{2a}} + e^{-\frac{\pi t}{2a}}} dt =$$

$$= \frac{1}{a} \int_{-\infty}^\infty \frac{\varphi(x+t)dt}{e^{\frac{\pi t}{2a}} + e^{-\frac{\pi t}{2a}}} = \int_{-\infty}^\infty \frac{\varphi(x+at)dt}{e^{\frac{\pi t}{2}} + e^{-\frac{\pi t}{2}}}$$

en dégénéralisant, nous aurons

$$\int_0^\infty \frac{e^{tu} + e^{-tu}}{e^{\frac{\pi t}{2a}} + e^{-\frac{\pi t}{2a}}} dt = \frac{a}{\cos au}$$

qu'on peut écrire

$$(5) \qquad \int_0^\infty \frac{e^{2pt} + e^{-2pt}}{e^{\pi t} + e^{-\pi t}} dt = \frac{1}{2\cos p}$$

La formule (3) du § précédent nous donne, en posant $\varphi(x) = \sin ax$ et $x = u$

$$\frac{1}{\sin^2 au} = \sum_{n=-\infty}^{n=\infty} \frac{1}{(au - n\pi)^2}$$

que nous pouvons écrire

$$\frac{1}{\sin^2 au} = \frac{1}{a^2u^2} + \sum_{n=1}^{n=\infty} \left(\frac{1}{(n\pi - au)^2} + \frac{1}{(n\pi + au)^2} \right)$$

en généralisant, nous obtiendrons :

$$(6) \quad G \frac{1}{\sin^2 au} = \frac{1}{a^2} \int_0^\infty \frac{\varphi(x-t)e^{\frac{\pi t}{2a}} + \varphi(x+t)e^{-\frac{\pi t}{2a}}}{e^{\frac{\pi t}{2a}} - e^{-\frac{\pi t}{2a}}} t dt = \int_{-\infty} \frac{\varphi(x+at)}{e^{\pi t} - 1} t dt.$$

Cette même formule (3) nous donne, en posant $\varphi(x) = \cos ax$ et $x = u$

$$\frac{1}{\cos^2 au} = 4 \sum_{n=-\infty}^{n=\infty} \frac{1}{(2au - (2n-1)\pi)^2}$$

dont on déduit

$$(7) \qquad \mathrm{G}\,\frac{1}{\cos^2 au} = \frac{1}{a^2}\int_{-\infty}^{\infty} \frac{\varphi(x+t)t\,dt}{e^{\frac{\pi t}{2a}} - e^{-\frac{\pi t}{2a}}} = \int_{-\infty}^{\infty} \frac{\varphi(x+at)t\,dt}{e^{\frac{\pi t}{2}} - e^{-\frac{\pi t}{2}}}$$

en posant, dans cette identité, $e^t = v$, nous trouverons :

$$(8) \qquad \int_0^{\infty} \frac{v^{a-1}\log v\,dv}{v^{2n}-1} = \frac{\pi^2}{4\,n^2 \sin^2 \frac{a\pi}{2n}}$$

nous obtiendrons en suivant la même marche

$$\mathrm{G}\tan au = \frac{1}{a}\int_0^{\infty} \frac{\varphi(x+t) - \varphi(x-t)}{e^{\frac{\pi t}{2a}} - e^{-\frac{\pi t}{2a}}}\,dt = \int_{-\infty}^{\infty} \frac{\varphi(x+at)}{e^{\frac{\pi t}{2}} - e^{-\frac{\pi t}{2}}}\,dt$$

$$\mathrm{G}\cot au = \frac{1}{a}\int_0^{\infty} \frac{e^{\frac{\pi t}{2a}}\varphi(x-t) - e^{-\frac{\pi t}{2a}}\varphi(x+t)}{e^{\frac{\pi t}{2a}} - e^{-\frac{\pi t}{2a}}}\,dt = \int_{-\infty}^{\infty} \frac{\varphi(x+at)}{1-e^{-\pi t}}\,dt$$

qui donnent l'une et l'autre l'intégrale

$$\int_0^{\infty} \frac{e^{2pt} - e^{-2pt}}{e^{\pi t} - e^{-\pi t}}\,dt = \frac{1}{2}\tan p$$

§ **33.** — Considérons la fonction arc $(\sin = au)$ et posons

$$\mathrm{G}\ \mathrm{arc}\ (\sin = au) = \mathrm{A}$$

nous en déduirons

$$\frac{d\mathrm{A}}{da} = \mathrm{G}\,\frac{u}{\sqrt{1-a^2u^2}} = \frac{1}{\pi}\int_0^{\infty} e^{-t}\frac{dt}{\sqrt{t}}\int_{-\infty}^{\infty} \frac{e^{-z^2}}{z}\varphi'(x + 2a\sqrt{t}\,z)dz$$

intégrant par rapport à a entre les limites o et a, nous aurons :

$$\mathrm{A} = \mathrm{G}\ \mathrm{arc}\,(\sin = au) = \frac{1}{2\pi}\int_0^{\infty} \frac{e^{-t}dt}{t}\int_{-\infty}^{\infty} \frac{e^{-z^2}}{z}\{\varphi(x+2a\sqrt{t}\,z) - \varphi(x)\}dz$$

que nous pourrons écrire en posant $t = t^2$ et en changeant les limites de l'intégrale

$$(1)\quad G\,\mathrm{arc}(\sin = au) = \frac{1}{\pi}\int_0^{\infty}\int_0^{\infty}\frac{e^{-t^2-z^2}}{tz}\left\{\varphi(x+2atz)-\varphi(x-2atz)\right\}dz\,dt$$

dégénéralisant cette identité, on a :

$$\mathrm{arc}\,(\sin = au) = \frac{1}{\pi}\int_0^{\infty}\int_0^{\infty}\frac{e^{-t^2-z^2}}{tz}\left(e^{2atzu}-e^{-2atzu}\right)dz\,dt$$

qu'on peut écrire en posant $a = a\sqrt{-1}$ sous la forme

$$(2)\quad \int_0^{\infty}\int_0^{\infty}\frac{e^{-t^2-z^2}}{tz}\sin 2atz\,dz\,dt = \frac{\pi}{2}\log\left(a+\sqrt{1+a^2}\right)$$

différentiant par rapport à a

$$(3)\quad \int_0^{\infty}\int_0^{\infty}e^{-t^2-z^2}\cos 2atz\,dz\,dt = \frac{\pi}{4}\frac{1}{\sqrt{1+a^2}}.$$

§ **34**. — Si l'on considère l'intégrale connue

$$(1)\quad \mathrm{arc}\left(\mathrm{tang} = \frac{b}{a}\right) = \int_{-\infty}^{\infty}e^{-at}\sin bt\,\frac{dt}{t}$$

nous en déduirons

$$(2)\quad G\,\mathrm{arc}(\mathrm{tang} = au) = \frac{1}{2\sqrt{-1}}\int_0^{\infty}e^{-t}\left\{\varphi(x+at\sqrt{-1})-\varphi(x-at\sqrt{-1})\right\}\frac{dt}{t}$$

$$(3)\quad G\,\mathrm{arc}\left(\mathrm{tang} = \frac{1}{au}\right) = \int_0^{\infty}\varphi(x-at)\frac{\sin t}{t}\,dt$$

en faisant la somme de ces deux égalités et en remarquant que l'on a $\mathrm{arc}\,(\mathrm{tang} = au) + \mathrm{arc}\left(\mathrm{tang} = \frac{1}{au}\right) = \frac{\pi}{2}$ nous obtiendrons

$$(4)\quad \int_0^{\infty}\varphi(x-at)\frac{\sin t}{t}\,dt = \frac{\pi}{2}\varphi(x) - \frac{1}{2\sqrt{-1}}\int_0^{\infty}e^{-t}\left\{\varphi(x+at\sqrt{-1})-\varphi(x-at\sqrt{-1})\right\}\frac{dt}{t}$$

en écrivant l'intégrale (1) sous la forme

$$\mathrm{arc}\left(\mathrm{tang} = \frac{1}{au^2}\right) = \int_0^{\infty}e^{-atu^2}\sin t\,\frac{dt}{t}$$

nous obtiendrons

$$(5)\ \mathrm{Garc}\left(\mathrm{tang}=\frac{1}{au^2}\right)=\frac{1}{\sqrt{\pi}}\int_0^\infty\int_0^\infty e^{-v^2}\frac{\sin t}{t}\left\{\varphi(x+2\sqrt{atv}\sqrt{-1})+\right.$$
$$\left.+\varphi(x-2\sqrt{atv}\sqrt{-1})\right\}dvdt$$

et par conséquent

$$(6)\ \mathrm{Garc}(\mathrm{tang}=au^2)=\frac{\pi}{2}\varphi(x)-\frac{1}{\sqrt{\pi}}\int_0^\infty\int_0^\infty e^{-v^2}\frac{\sin t}{t}\left\{\varphi(x+2\sqrt{atv}\sqrt{-1})+\right.$$
$$\left.+\varphi(x-2\sqrt{atv}\sqrt{-1})\right\}dvdt.$$

Si dans l'identité

$$\mathrm{arc}\ (\mathrm{tang}\ x)=x-\frac{x^3}{3}+\frac{x^5}{5}-\dots$$

nous posons $x=e^{au}$ nous en déduirons

$$(7)\qquad \mathrm{G\ arc}\ (\mathrm{tang}=e^{au})=\sum_{n=0}^{n=\infty}\frac{(-1)^n\varphi(x+(2n+1)a)}{2n+1}$$

nous trouverons de même en posant $x=e^{au^2}$

$$(8)\mathrm{G\,arc}(\mathrm{tang}=e^{au^2})=\frac{1}{2\sqrt{a\pi}}\sum_{n=0}^{n=\infty}\frac{(-1)^n}{(2n+1)^{\frac{3}{2}}}\int_0^\infty e^{-\frac{v^2}{4(2n+1)a}}\left\{\varphi(x+v)+\right.$$
$$\left.+\varphi(x-v)\right\}dv$$

CHAPITRE VIII

GÉNÉRALISATION DE FONCTIONS TRANSCENDANTES DE FORMES DIVERSES

§ 35. — Pour déterminer la valeur de $G\Gamma(au)$ considérons la formule qui détermine la valeur de $\Gamma(n)$

$$\Gamma(n) = \int_0^\infty e^{-v} v^{n-1} dv,$$

en y faisant $n = au$ nous obtiendrons

$$\Gamma(au) = \int_0^\infty e^{-v + a \log vu} \frac{dv}{v},$$

effectuant la généralisation nous trouverons

$$(1) \quad G\Gamma(au) = \int_0^\infty \varphi(x + a \log v) e^{-v} \frac{dv}{v} = \int_0^\infty e^{-e^z} \varphi(x + az) dz.$$

Le développement en séries de sin be^{au} et cos be^{au} donne immédiatement

$$(2) \qquad G \sin be^{au} = \sum_{n=1}^{n=\infty} \frac{(-1)^{n-1} b^{2n-1}}{\Gamma(2n)} \varphi(x + (2n-1)a),$$

$$(3) \qquad G \cos be^{au} = \sum_{n=0}^{n=8} \frac{(-1)^n b^{2n}}{\Gamma(2n+1)} \varphi(x + 2na).$$

Nous trouverons de même par le développement de sin be^{au^2} et cos be^{au^2} et en généralisant

$$(4) \quad G \sin be^{au^2} = \frac{1}{\sqrt{\pi}} \sum_{n=1}^{n=\infty} \frac{(-1)^{n-1} b^{2n-1}}{\Gamma(2n-2)} \int_\infty^\infty e^{-v^2} \varphi(x + 2\sqrt{(2n-1)av}) dv,$$

$$(5)\quad G\cos be^{au^2}=\frac{1}{\sqrt{\pi}}\sum_{n=0}^{n=\infty}\frac{(-1)^n b^{2n}}{\Gamma(2n-1)}\int_{\infty}^{\infty}e^{-v^2}\varphi(x+2\sqrt{2nav})dv.$$

Si nous développons en série la fonction $e^{be^{au}}$ nous obtiendrons :

$$e^{be^{au}}=1+\frac{be^{au}}{1}+\frac{b^2e^{2au}}{1.2}+\ldots.+\frac{b^ne^{nau}}{1.2..n}+\ldots.=\sum_{n=0}^{n=\infty}\frac{b_ne^{nau}}{\Gamma(n+1)}$$

et en généralisant

$$(6)\quad Ge^{be^{au}}=\sum_{n=0}^{n=\infty}\frac{b^n}{\Gamma(n+1)}\varphi(x+na).$$

Nous trouverons de même

$$(7)\quad Ge^{bu^ke^{au}}=\sum_{n=0}^{n=\infty}\frac{b^n}{\Gamma(n+1)}\frac{d^{nk}}{dx^{nk}}\varphi(x+na),$$

$$(8)\quad G\cos bue^{au}=\sum_{n=0}^{n=\infty}(-1)^n\frac{b^{2n}}{\Gamma(2n+1)}\frac{d^{2n}}{dx^{2n}}\varphi(x+2na)$$

$$(9)\quad G\sin bue^{au}=\sum_{n=0}^{n=\infty}(-1)^n\frac{b^{2n+1}}{\Gamma(2n+2)}\frac{d^{2n+1}}{dx^{2n+1}}\varphi(x+2n+1),$$

$$(10)\quad Ge^{bue^{au^2}}=\frac{1}{\sqrt{\pi}}\sum_{n=0}^{n=\infty}\frac{b^n}{\Gamma(n+1)}\int_{-\infty}^{\infty}e^{-t^2}\frac{d^n}{dx^n}\varphi(x+2\sqrt{ant})dt,$$

en faisant dans la formule (6) $a=a\sqrt{-1}$ nous en déduirons :

$$Ge^{b\cos au+b\sin au\sqrt{-1}}=Ge^{b\cos au}\left\{\cos(b\sin au)+\right.$$
$$\left.+\sin(b\sin au)\sqrt{-1}\right\}=\sum_{n=0}^{n=\infty}\frac{b^n}{\Gamma(n+1)}\varphi(x+na\sqrt{-1}),$$

et par conséquent

$$(11)\quad Ge^{b\cos au}\cos(b\sin au)=\frac{1}{2}\sum_{n=0}^{n=\infty}\frac{b^n}{\Gamma(n+1)}\left\{\varphi(x+na\sqrt{-1})+\varphi(x-na\sqrt{-1})\right\},$$

$$(12)\quad \left\{\begin{aligned} & Ge^{b\cos au}\sin(b\sin au) = \\ & = \frac{1}{2\sqrt{-1}}\sum_{n=0}^{n=\infty}\frac{b^n}{\Gamma(n+1)}\{\varphi(x+na\sqrt{-1})-\varphi(x-na\sqrt{-1})\}, \end{aligned}\right.$$

dégénéralisant, et, posant $au = x$ et $b = a$ nous aurons

$$(13)\qquad \sum_{n=0}^{n=\infty}\frac{a^n}{\Gamma(n+1)}\cos nx = e^{a\cos x}\cos(a\sin x,)$$

$$(14)\qquad \sum_{n=0}^{n=\infty}\frac{a^n}{\Gamma(n+1)}\sin nx = e^{a\cos x}\sin(a\sin x).$$

Si, désignant par m un nombre entier, nous multiplions la première de ces égalités par $\cos mx$, en remarquant que, lorsque m est différent de n l'intégrale $\int_0^\pi \cos nx\cos mx dx$ est nulle, et lorsque $m = n$ l'intégrale

$$\int_0^\pi \cos^2 nx dx = \frac{\pi}{2},$$

il en résultera

$$(15)\qquad \int_0^\pi e^{a\cos x}.(\cos a\sin x)\cos nx dx = \frac{\pi}{2}\frac{a^n}{\Gamma(n+1)},$$

$$(16)\qquad \int_0^\pi e^{a\cos x}\sin(a\sin x)\sin nx dx = \frac{\pi}{2}\frac{a^n}{\Gamma(n+1)}.$$

§ **36**. — Pour déterminer la valeur de $G\log(\cos au)$ posons

$$G\log(\cos au) = A,$$

nous en déduirons

$$\frac{dA}{da} = -G\frac{\sin au}{\cos au}u = -Gu\operatorname{tg} au,$$

mais comme

$$G\operatorname{tg} au = \int_0^\infty \frac{\varphi(x+at)-\varphi(x-at)}{e^{\frac{\pi t}{2}}-e^{-\frac{\pi t}{2}}}dt,$$

nous aurons en généralisant par facteurs

$$G\, u \operatorname{tang} au = \int_0^{\infty} \frac{\varphi'(x+at) - \varphi'(x-at)}{e^{\frac{\pi t}{2}} - e^{-\frac{\pi t}{2}}}\, dt$$

et par conséquent

$$\frac{dA}{da} = -\int_0^{\infty} \frac{\varphi'(x+at) - \varphi'(x-at)}{e^{\frac{\pi t}{2}} - e^{-\frac{\pi t}{2}}}\, dt$$

intégrant, par rapport à a, entre les limites o et a, nous aurons

$$(1) \qquad G \log(\cos au) = \int_0^{\infty} \frac{\varphi(x+at) + \varphi(x-at) - 2\varphi(x)}{e^{\frac{\pi t}{2}} - e^{-\frac{\pi t}{2}}} \frac{dt}{t}$$

Si nous posons dans cette formule $au = \frac{\pi}{2} - au$ nous obtiendrons

$$(2) \quad G \log(\sin au) = \int_0^{\infty} \frac{e^{\frac{\pi t}{2}}(x+at) - e^{-\frac{\pi t}{2}} \varphi(x+at) - 2\varphi(n)}{e^{\frac{\pi t}{2}} - e^{-\frac{\pi t}{2}}} \frac{dt}{t},$$

de ces deux formules on déduit :

$$(3) \qquad G \log(\operatorname{tang} au) = \int_0^{\infty} \frac{\varphi(x+2at) - e^{\pi t} \varphi(x-2at)}{1 + e^{\pi t}} \frac{dt}{t}.$$

§ **37**. — Si nous posons l'identité

$$e^{b \cos au} = e^{\frac{b}{2} e^{au\sqrt{-1}} + \frac{b}{2} e^{-au\sqrt{-1}}},$$

nous en déduisons à l'aide de la formule (6) du § **35**.

$$(1) \quad Ge^{b \cos au} = \sum_{n=0}^{n=\infty} \sum_{m=0}^{m=\infty} \frac{\left(\frac{b}{2}\right)^{n+m}}{\Gamma(n+1)\Gamma(m+1)} \varphi(x + (n-m)a\sqrt{-1}).$$

En remarquant que le premier membre ne change pas en changeant le signe de a, nous en déduirons

$$Ge^{b \cos au} = \frac{1}{2} \sum_{n=0}^{n=\infty} \sum_{m=0}^{m=\infty} \frac{\left(\frac{b}{2}\right)^{m+n}}{\Gamma(n+1)\Gamma(m+1)} \left\{ \varphi(x + (n-m)a\sqrt{-1}) + \right.$$
$$\left. + \varphi(x - (n-m)a\sqrt{-1}) \right\},$$

dégénéralisant on trouve

$$\sum_{n=0}^{n=\infty}\sum_{m=0}^{m=\infty}\frac{\left(\frac{b}{2}\right)^{n+m}}{\Gamma(n+1)\Gamma(m+1)}\cos(m-n)x=e^{b\cos x},$$

§ **38.** — Soit encore l'identité

$$\mathrm{Log}\,(a+b\sqrt{-1})^{\sqrt{-1}}=\mathrm{arc}\left(\mathrm{tang}\,\frac{a}{b}\right)+\frac{1}{2}\log(a^2+b^2)\sqrt{-1},$$

qu'on peut écrire

$$(a+b\sqrt{-1})^{\sqrt{-1}}=e^{\mathrm{arc}\left(\mathrm{tang}\,\frac{a}{b}\right)+\frac{1}{2}\log(a^2+b^2)\sqrt{-1}},$$

en élevant les deux membres à la puissance $\sqrt{-1}$ nous en déduirons :

$$\frac{1}{b+au\sqrt{-1}}=\frac{1}{\sqrt{b^2+a^2u^2}}\left[\cos\left(\mathrm{arc}\left(\mathrm{tang}\,\frac{au}{b}\right)\right)+\sin(\mathrm{arc}(\mathrm{tang}\,au))\sqrt{-1}\right]$$

égalité qui donne

$$\cos\left\{\mathrm{arc}\left(\mathrm{tang}\,\frac{au}{b}\right)\right\}=\frac{b}{\sqrt{b^2+a^2u^2}},$$

$$\sin\left\{\mathrm{arc}\left(\mathrm{tang}\,\frac{au}{b}\right)\right\}=\frac{au}{\sqrt{b^2+a^2u^2}}.$$

En généralisant nous obtiendrons

$$(1)\quad \left\{\begin{aligned}&G\cos\left\{\mathrm{arc}\left(\mathrm{tang}=\frac{au}{b}\right)\right\}=\frac{1}{2\pi}\int_0^\infty\int_0^\infty\frac{e^{-v-\frac{b^2y^2}{4a^2v}}}{v}\left\{\varphi(x+y\sqrt{-1})+\right.\\&\qquad\left.+\varphi(x-y\sqrt{-1})\right\}dydv.\end{aligned}\right.$$

$$(2)\quad \left\{\begin{aligned}&G\sin\left\{\mathrm{arc}\left(\mathrm{tang}=\frac{au}{b}\right)\right\}=\frac{a}{2\pi}\int_0^\infty\int_0^\infty\frac{e^{-v-\frac{b^2y^2}{4a^2v}}}{v}\left\{\varphi'(x+y\sqrt{-1})+\right.\\&\qquad\left.+\varphi'(x-y\sqrt{-1})\right\}dydv.\end{aligned}\right.$$

Il est facile par des procédés analogues d'obtenir les formules suivantes

$$G\log(1+bc^{au})=\sum_{n=1}^{n=\infty}\frac{(-1)^{n-1}}{n}b^n\varphi(x+na),$$

$$G\log(1-be^{au})=-\sum_{n=1}^{n=\infty}\frac{b^n}{n}\varphi(x+na),$$

$$G\log\frac{1+be^{au}}{1-be^{au}}=2\sum_{n=1}^{n=\infty}\frac{b^{2n+1}}{2n+1}\varphi(x+(2n+1)a).$$

CHAPITRE IX

EXPRESSION DE L'INTÉGRALE $\int^n \varphi(x)\, dx^n$ EN UNE INTÉGRALE DÉFINIE

§ **39**. — Si l'on remarque que l'expression $G \frac{1}{u^n}$ peut être donnée sous les deux formes

$$G \frac{1}{u^n} = \int^n \varphi(x)\, dx^n \qquad G \frac{1}{u^n} = \frac{1}{\Gamma(n)} \int_0^\infty t^{n-1} \varphi(x-t)\, dt,$$

il en résultera qu'en désignant par $C, C_1, C_2, \dots C_{n-1}$ des constantes arbitraires nous aurons :

$$(1) \quad \left\{ \begin{aligned} \int^n \varphi(x)\, dx^n &= C + C_1 x + C_2 x^2 + \dots + C_{n-1} x^{n-1} + \\ &+ \frac{1}{\Gamma(n)} \int_0^\infty t^{n-1} \varphi(x-t)\, dt \end{aligned} \right.$$

lorsque la fonction $\varphi(x-t)$ est telle que, quel que soit x, l'expression $t^{n-1} \varphi(x-t)$ s'annule pour $t = \infty$.

Pour vérifier cette formule, différentions-la par rapport à x, nous obtiendrons :

$$(2) \quad \left\{ \begin{aligned} \int_0^{n-1} \varphi(x)\, dx^{n-1} &= C_1 + 2C_2 x + \dots + (n-1) C_{n-1} x^{n-2} + \\ &+ \frac{1}{\Gamma(n)} \int_0^\infty t^{n-1} \varphi'(x-t)\, dt, \end{aligned} \right.$$

mais comme l'intégration par parties donne

$$\int_0^\infty t^{n-1}\varphi'(x-t)\,dt = -t^{n-1}\varphi(x-t) + (n-1)\int_0^\infty t^{n-2}\varphi(x-1)\,dt.$$

Si l'expression $t^{n-1}\varphi(x-t)$ s'annule pour $t = o$ et $t = \infty$ nous aurons la formule (1) dans laquelle n est égal à $n - 1$.

Il résulte de là que si la formule (1) est exacte pour $n = 1$, ce qu'il est facile de reconnaître, elle sera généralement vraie.

Il serait également facile d'exprimer la valeur de $\int^n \varphi(x)\,dx^n$ à l'aide d'une intégrale double en remarquant que

$$G\frac{1}{u^u} = \frac{1}{4\pi}\int_{-\infty}^{\infty}\int_{-\infty}^{\infty}\frac{\varphi(x+y\sqrt{-1})}{v^n}e^{-yv\sqrt{-1}}\,dydv,$$

nous aurons dans ce cas

$$(3)\quad\left\{\begin{aligned}&\int^n \varphi(x)\,dx^n = C + C_1x + C_2x^2 + \ldots + C_{n-1}x^{n-1} + \\ &+\frac{1}{4\pi}\int_{-\infty}^{\infty}\int_{-\infty}^{\infty}e^{-vy\sqrt{-1}}\frac{\varphi(x+y\sqrt{-1})}{v^n}\,dydv,\end{aligned}\right.$$

différentiant cette égalité par rapport à x nous aurons :

$$\begin{aligned}&\int^{(n-1)}\varphi(x)\,dx^{n-1} = C_1 + 2C_2x + \ldots + (n-1)\,C_{n-1}x^{n-1} + \\ &+\frac{1}{4\pi}\int_{-\infty}^{\infty}\int_{-\infty}^{\infty}e^{-vy\sqrt{-1}}\frac{\varphi'(x+y\sqrt{-1})}{v^n}\,dydv,\end{aligned}$$

l'intégration par parties donne

$$\begin{aligned}&\int_{-\infty}^{\infty}\varphi'(x+y\sqrt{-1})\,e^{-yv\sqrt{-1}}dy = \frac{e^{-vy\sqrt{-1}}\varphi(x+y\sqrt{-1})}{\sqrt{-1}} + \\ &+ v\int_{-\infty}^{\infty}e^{-vy\sqrt{-1}}\varphi(x+y\sqrt{-1})\,dy.\end{aligned}$$

Si donc la fonction $\varphi(x)$ est telle que $\varphi(x+y\sqrt{-1})$ s'annule, pour des valeurs de y égales à $\pm\infty$ quel que soit x, nous obtiendrons la formule (3) dans laquelle n est remplacé par $n - 1$.

CHAPITRE X

DIFFERENTIATION ET INTÉGRATION A INDICES FRACTIONNAIRES

§ **40.** — Si dans la formule

$$\frac{1}{u^m} = \frac{1}{\Gamma(m)}\int_0^\infty t^{m-1}e^{-tu}\,dt,$$

nous posons $m = n - \mu$, n étant un nombre entier et μ un nombre fractionnaire nous obtiendrons :

$$u^{\mu - n} = \frac{1}{\Gamma(n-\mu)}\int_0^\infty t^{n-\mu-1}e^{-tu}dt,$$

que nous pouvons écrire, en en multipliant les deux termes par $u^n e^{xu}$, sous la forme

$$e^{xu}u^{\mu} = \frac{1}{\Gamma(n-\mu)}\int_0^\infty u^n t^{n-\mu-1}e^{(x-t)u}dt,$$

et en généralisant, il en résultera :

$$(1) \qquad \frac{d^{\mu}\varphi(x)}{dx^{\mu}} = \frac{1}{\Gamma(n-\mu)}\int_0^\infty t^{n-\mu-1}\frac{d^n\varphi(x-t)}{dx^n}\,dt,$$

formule dans laquelle on prendra pour n le nombre entier immédiatement supérieur à μ.

En faisant dans cette formule μ égale à $-\mu$ et en supposant $n = o$ nous aurons la valeur de l'intégrale

$$(2) \qquad \int^{\mu}\varphi(x)dx^{\mu} = \frac{1}{\Gamma(\mu)}\int_0^\infty t^{\mu-1}\varphi(x-t)dt.$$

On peut obtenir des formules un peu différentes des formules précédentes de la manière suivante.

Si nous considérons l'identité

$$\frac{1}{(-u)^\mu} = \frac{1}{(-1)^\mu \Gamma(\mu)} \frac{\Gamma(\mu)}{u^\mu},$$

nous en déduirons, en remarquant que

$$\frac{\Gamma(\mu)}{u^\mu} = \int_0^\infty e^{-tu} t^{\mu - 1} dt,$$

la relation

$$\frac{1}{(-u)^\mu} = \frac{1}{(-1)^\mu \Gamma(\mu)} \int_0^\infty e^{-tu} t^{\mu - 1} dt,$$

changeant u en $-u$ et en multipliant les deux membres par e^{xu} nous aurons

$$\frac{e^{xu}}{u^\mu} = \frac{1}{(-1)^\mu \Gamma(\mu)} \int_0^\infty t^{\mu - 1} e^{(x+t)u} dt,$$

en généralisant

$$(3) \qquad \int^\mu \varphi(x) dx^\mu = \frac{1}{(-1)^\mu \Gamma(\mu)} \int_0^\infty t^{\mu - 1} \varphi(x+t) dt,$$

mettant dans cette formule $n - \mu$ au lieu de μ, nous aurons, en différentiant n fois par rapport à x,

$$(4) \qquad \frac{d^\mu \varphi(x)}{dx^\mu} = \frac{1}{(-1)^{n-\mu} \Gamma(n-\mu)} \int_0^\infty t^{n-\mu-1} \frac{d^n \varphi(x+t)}{dx^n} dt.$$

Ces formules (3) et (4) sont les formules données par Liouville pour la différentiation et l'intégration à indices fractionnaires auxquelles on peut substituer les formules (1) et (2).

CHAPITRE XI

TRANSFORMATIONS DES SÉRIES EN INTÉGRALES DÉFINIES ET RÉCIPROQUEMENT

§ **41.** — Si nous généralisons les deux membres de l'identité

$$\frac{1}{1-e^{au}} = 1 + e^{au} + e^{2au} + e^{3au} + \dots$$

nous en déduirons :

$$\frac{1}{1-e^{au}} = \varphi(x) + \varphi(x+a) + \varphi(x+2a) + \dots =$$

$$= \sum_{n=0}^{n=\infty} \varphi(x+na) = C - \sum_{a} \varphi(x).$$

Cela posé, si dans la formule (9) du § **9** nous posons $\Psi(u) = 1$ nous obtiendrons :

$$G1 = \varphi(x) = \frac{1}{\pi}\int_0^\infty\int_0^\infty \{\varphi(x+y\sqrt{-1}) + \varphi(x-y\sqrt{-1})\}\cos yv dy dv,$$

en posant dans cette même formule $\Psi(u) = \frac{1}{1-e^{au}}$ nous aurons en remarquant que $\Psi(v) + \Psi(-v) = 1$ et $\Psi(v) - \Psi(-v) = \frac{1+e^{au}}{1-e^{au}}$ et en tenant compte de la relation précédente

$$(1) \quad \left\{ \begin{aligned} &\sum_{n=0}^{n=\infty} \varphi(x+na) = \frac{1}{2}\varphi(x) + \\ &+ \frac{1}{2\pi\sqrt{-1}}\int_0^\infty \{\varphi(x+y\sqrt{-1}) - \varphi(x-y\sqrt{-1})\} dy \int_0^\infty \frac{1+e^{au}}{1-e^{au}} \sin yv dv. \end{aligned} \right.$$

Pour obtenir la valeur de cette intégrale $\int_0^\infty \frac{1+e^{au}}{1-e^{au}} \sin yvdv$ remarquons que l'on a identiquement

$$\frac{e^{av}+1}{e^{av}-1} = 1 + 2\left\{e^{-av} + e^{-2av} + e^{-3av} + \dots\right\},$$

multipliant les deux membres de cette égalité par sin $yvdv$ et intégrant entre les limites o et ∞ nous aurons à l'aide de l'intégrale

$$\int_0^\infty e^{-nav} \sin yvdv = \frac{y}{y^2+(na)^2},$$

la valeur

$$\int_0^\infty \frac{e^{av}+1}{e^{av}-1} \sin yvdv = \frac{1}{y} + 2y \sum_{n=0}^{n=\infty} \frac{1}{y^2+(na)^2},$$

mais on sait que (Euler, introd.)

$$\sum_{n=0}^{n=\infty} \frac{1}{y^2+(na)^2} = \frac{\pi}{2ay} \frac{e^{\frac{2\pi y}{a}}+1}{e^{\frac{2\pi y}{a}}-1} - \frac{1}{2y^2},$$

il en résultera

$$\int_0^\infty \frac{1+e^{av}}{1-e^{av}} \sin yvdv = \frac{\pi}{a} \frac{1+e^{\frac{2\pi y}{a}}}{1-e^{\frac{2\pi y}{a}}}.$$

Cette valeur mise dans la formule (1) nous donne en faisant $y = ay$,

$$(2) \quad \left\{ \begin{aligned} &\sum_{n=0}^{n=\infty} \varphi(x+na) = \frac{1}{2}\varphi(x) - \\ &- \frac{1}{2\sqrt{-1}} \int_0^\infty \frac{e^{2\pi y}+1}{e^{2\pi y}-1} \left\{\varphi(x+ay\sqrt{-1}) - \varphi(x-ay\sqrt{-1})\right\} dy, \end{aligned} \right.$$

nous pourrons donc écrire

$$(3) \quad \left\{ \begin{aligned} &\sum_a \varphi(x) = C - \frac{1}{2}\varphi(x) + \\ &+ \frac{1}{2\sqrt{-1}} \int_{-\infty}^{\infty} \frac{e^{2\pi y}+1}{e^{2\pi y}-1} \varphi(x+ay\sqrt{-1})\, dy, \end{aligned} \right.$$

formule remarquable en ce qu'elle donne la valeur de $\sum_a \varphi(x)$ à l'aide d'une seule intégrale définie.

On trouve, dans les œuvres d'Abel, la détermination de cette somme pour laquelle il a donné la formule suivante :

$$\sum_a \varphi(x) = \frac{1}{a}\int \varphi(x)dx - \frac{1}{2}\varphi(x) +$$

$$+ \frac{1}{\sqrt{-1}}\int_0^\infty \left\{ \varphi(x + ay\sqrt{-1}) - \varphi(x - ay\sqrt{-1}) \right\} \frac{dy}{e^{2\pi y} - 1},$$

Pour établir la concordance entre cette formule et la formule (3), il suffit de reconnaître que

$$\frac{1}{a}\int \varphi(x)dx = \frac{1}{2\sqrt{-1}}\int_0^\infty \left\{ \varphi(x + ay\sqrt{-1}) - \varphi(x - ay\sqrt{-1}) \right\} dy,$$

ce qui est facile en généralisant l'intégrale connue $\int_0^\infty \sin aydy = \frac{1}{a}$ après avoir posé $a = au$.

§ **43.** — Si l'on pose

$$\varphi(x) = \mathrm{G}e^{au},$$

nous en déduirons en représentant par a l'accroissement de x

$$\Delta\ \varphi(x) = \mathrm{G}e^{xu}(e^{xu} - 1),$$
$$\Delta^2\ \varphi(x) = \mathrm{G}e^{xu}(e^{au} - 1)^2,$$
$$\Delta^3\ \varphi(x) = \mathrm{G}e^{xu}(e^{au} - 1)^3,$$

et généralement

$$\Delta^n\ \varphi(x) = \mathrm{G}e^{xu}(e^{au} - 1)^n,$$

et en supposant $n = -n$

$$\sum_a \varphi(x) = \mathrm{G}\frac{e^{xu}}{(e^{au} - 1)^n} = \mathrm{G}\frac{1}{(e^{au} - 1)^n}.$$

Cela posé, si nous écrivons l'égalité (3) du § précédent sous la forme

$$\sum^a \varphi(x) = \mathrm{G}\frac{1}{e^{au} - 1} = \mathrm{C} + \frac{1}{2}\varphi(x) - \frac{1}{2\sqrt{-1}}\int_{-\infty}^{\infty} \frac{e^{2\pi t} + 1}{e^{2\pi t} - 1}\varphi(x + at\sqrt{-1})dt,$$

nous obtiendrons en différentiant par rapport à a

$$G\,\frac{e^{au}u}{(e^{au}-1)^2}=-\frac{1}{2}\int_{-\infty}^{\infty}\frac{e^{2\pi t}+1}{e^{2\pi t}-1}\,\varphi'(x+at\sqrt{-1})\,tdt,$$

qu'on peut écrire sous la forme

$$(1)\quad \sum_a^2 \varphi(x)=G\,\frac{1}{(e^{au}-1)^2}=\frac{1}{2}\int_{-\infty}^{\infty}\frac{1+e^{2\pi t}}{1-e^{2\pi t}}\,\varphi\big(x-(1-t\sqrt{-1})a\big)tdt,$$

en différentiant de nouveau cette identité par rapport à a, nous en déduirons de la même manière

$$(2)\quad \sum_a^3 \varphi(x)=G\,\frac{1}{(e^{au}-1)^3}=\frac{1}{2.2}\int_{-\infty}^{\infty}\frac{1+e^{2\pi t}}{1-e^{2\pi t}}\,\varphi\big(x-(2-t\sqrt{-1})a\big)t(1-t\sqrt{-1})dt,$$

nous aurons ainsi généralement

$$(3)\quad \left\{\begin{aligned}&\sum_a^n \varphi(x)=\frac{1}{2\Gamma(n)}\int_{-\infty}^{\infty}\frac{1+e^{2\pi t}}{1-e^{2\pi t}}\,\varphi\big(x-(n-1-t\sqrt{-1})a\big)\times\\&\times\, t(1-t\sqrt{-1})(2-t\sqrt{-1})\dots(n-2-t\sqrt{-1})dt,\end{aligned}\right.$$

$$(4)\quad \left\{\begin{aligned}&\sum_a^n \varphi(x)=\frac{1}{2\Gamma(n)}\int_{-\infty}^{\infty}\frac{1+e^{2\pi t}}{1-e^{2\pi t}}\prod_{p=1}^{p=n-2}\big[p-t\sqrt{-1}\big]\times\\&\times\,\varphi(x-a(n-1-t\sqrt{-1})tdt,\end{aligned}\right.$$

cette formule (3) est très remarquable par sa simplicité (voir les œuvres d'Abel pour la détermination de cette intégrale).

§ **43**. En généralisant les deux membres de l'identité

$$\frac{1-e^{mau}}{1-e^{au}}=1+e^{au}+e^{2au}+\dots+e^{(m-1)au},$$

nous en déduirons

$$\varphi(x)+\varphi(x+a)+\varphi(x+2a)+\dots+\varphi\big(x+(m-1)a\big)=G\,\frac{1-e^{mau}}{1-e^{au}}.$$

mais la formule (17) du § **28** nous donne :

$$G\,\frac{1-e^{mau}}{1-e^{au}}=\sum_{n=0}^{n=\infty}\varphi(x+na)-\sum_{n=0}^{n=\infty}\varphi(x+ma+na)$$

nous aurons donc à l'aide de la formule (2) du § **41**

$$\varphi(x) + \varphi(x + a) + \varphi(x + 2a) + \dots + \varphi(x + (m - 1)a) =$$

$$= \frac{1}{2}\{\varphi(x) - \varphi(x + ma)\} + \frac{1}{2\sqrt{-1}} \int_{-\infty}^{\infty} \frac{e^{2\pi y} + 1}{e^{2\pi y} - 1} \{\varphi(x + ma + ay\sqrt{-1}) - \\ - \varphi(x + ay\sqrt{-1})\} ay$$

en supposant $\varphi(x) = \log \varphi(x)$ nous aurons :

$$\log \varphi(x)\varphi(x + a)\varphi(x + 2a) \dots \varphi(x + m - 1)a) =$$

$$\frac{1}{2} \log \frac{\varphi(x)}{\varphi(x + ma)} + \frac{1}{2\sqrt{-1}} \int_{-\infty}^{\infty} \frac{e^{2\pi y} + 1}{e^{2\pi y} - 1} \log \frac{\varphi(x + ma + ay\sqrt{-1})}{\varphi(x + ay\sqrt{-1})}$$

qu'on peut écrire

$$\varphi(x)\varphi(x + a)\varphi(x + 2a) \dots \varphi(x + (m - 1)a) =$$

$$= \sqrt{\frac{\varphi(x)}{\varphi(x + ma)}}\, e^{\frac{1}{2\sqrt{-1}} \int_{-\infty}^{\infty} \frac{e^{2\pi y} + 1}{e^{2\pi y} - 1} \log \frac{\varphi(x + ma + ay\sqrt{-1})}{\varphi(x + ay\sqrt{-1})} dy}$$

§ **44**. — En écrivant la formule (2) du § **41** sous la forme

$$\sum_{n=0}^{n=\infty} \varphi(x + na) = \frac{1}{2} \varphi(x) - \frac{1}{2\sqrt{-1}} \int_{-\infty}^{\infty} \frac{e^{2\pi y} + 1}{e^{2\pi y} - 1} \varphi(x + ay\sqrt{-1}) dy$$

nous en déduirons, en différentiant m fois par rapport à a et en remplaçant $(\sqrt{-1})^m$ par sa valeur $\sin \frac{m\pi}{2} - \cos \frac{m\pi}{2} \sqrt{-1}$

$$(1) \quad \sum_{n=1}^{n=\infty} n^m \varphi(x + an) = \frac{1}{2}\left(\sin \frac{m\pi}{2} - \cos \frac{m\pi}{2} \sqrt{-1}\right) \int_{-\infty}^{\infty} \frac{e^{2\pi y} + 1}{e^{2\pi y} - 1} y^m \varphi(x + ay\sqrt{-1}) dy$$

En généralisant les deux identités

$$\frac{1}{1 + e^{au}} = 1 - e^{au} + e^{2au} - \dots$$

$$\frac{1}{1 + e^{au}} = \frac{1}{2} - 2 \int_0^{\infty} \frac{\sin ayu}{e^{\pi y} - e^{-\pi y}} dy$$

nous obtiendrons :

$$\sum_{n=0}^{n=\infty} (-1)^n \varphi(x + na) = \frac{1}{2} \varphi(x) - \frac{1}{\sqrt{-1}} \int_{-\infty}^{\infty} \frac{\varphi(x + ay\sqrt{-1})}{e^{\pi y} - e^{-\pi y}} dy$$

différentiant m fois par rapport à a nous aurons

$$(2)\quad \sum_{n=1}^{n=\infty}(-1)^{n-1}n^m\varphi(x+na)=\left(\cos\frac{m\pi}{2}\sqrt{-1}-\sin\frac{m\pi}{2}\right)\int_{-\infty}^{\infty}\frac{\varphi(x+ay\sqrt{-1})}{e^{\pi y}-e^{-\pi y}}y^m dy$$

§ **45**. — Si l'on multiplie les deux membres de l'identité

$$\frac{1}{e^y-1}=e^{-y}+e^{-2y}+e^{-3y}+\ldots+e^{-ny}+\ldots$$

par $y^{m-1}\varphi(x-y)dy$ et qu'on intègre entre les limites o et ∞, nous trouverons

$$\int_0^\infty\frac{y^{m-1}\varphi(x-y)}{e^y-1}dy=\sum_{n=1}^{n=\infty}\int_0^\infty y^{m-1}e^{-ny}\varphi(x-y)dy$$

mais comme

$$\mathrm{G}\frac{1}{(n+u)^m}=\frac{1}{\Gamma(m)}\int_0^\infty y^{m-1}e^{-ny}\varphi(x-y)dy$$

nous aurons :

$$\sum_{n=1}^{n=\infty}\mathrm{G}\frac{1}{(n+u)^m}=\frac{1}{\Gamma(m)}\int_0^\infty\frac{y^{m-1}\varphi(x-y)}{e^y-1}dy$$

que nous pourrons écrire en dégénéralisant

$$(1)\quad \sum_{n=1}^{n=\infty}\frac{1}{(n+u)^m}=\frac{1}{\Gamma(m)}\int_0^\infty\frac{y^{m-1}e^{-uy}}{e^y-1}dy.$$

Le même calcul, effectué sur l'identité

$$\frac{1}{e^y+1}=e^{-y}-e^{-2y}+e^{-3y}-\ldots$$

donnera :

$$(2)\quad \sum_{n=1}^{n=\infty}\frac{(-1)^{n-1}}{(n+u)^m}=\frac{1}{\Gamma(m)}\int_0^\infty\frac{y^{m-1}e^{-uy}dy}{e^y+1}.$$

§ 46. — Si l'on développe l'expression $(e^{-au} - e^{au})^p$ en série, et qu'on généralise les deux membres de l'identité obtenue on trouve

$$G \frac{1}{(e^{-au} - e^{au})^p} = \varphi(x + pa) + p\,\varphi(x + (p+2)a) + \\ + \frac{p(p+1)}{1,2}\varphi(x + (p+4)a) + \ldots$$

il résulte de cette égalité que :

$$G \frac{1}{e^{-au} - e^{au}} = \sum_{n=0}^{n=\infty} \varphi(x + (2n+1)a),$$

qui se transforme en

$$G \frac{1}{\sin au} = -2\sqrt{-1} \sum_{n=0}^{n=\infty} \varphi(x + (2n+1)a\sqrt{-1}),$$

en posant $a = a\sqrt{-1}$. De même en faisant $p = 2$

$$G \frac{1}{(e^{-au} - e^{au})^2} = \sum_{n=0}^{n=\infty} (n+1)\varphi(x + 2(n+1)a\sqrt{-1}),$$

qui se transforme en

$$G \frac{1}{\sin^2 au} = 2^2 \sum_{n=0}^{n=\infty} \varphi(x + 2(n+1)a\sqrt{-1}),$$

et généralement

$$G \frac{1}{(e^{-au} - e^{au})^p} = \sum_{n=0}^{n=\infty} \frac{(n+1)(n+2)\ldots(n+p-1)}{1.2.3\ldots(p-1)} \varphi(x + (2n+p)a),$$

qui se transforme en

$$G \frac{1}{(\sin au)^p} = \\ = 2^p(-\sqrt{-1})^p \sum_{n=0}^{n=\infty} \frac{(n+1)(n+2)\ldots(n+p-1)}{1.\ 2.\ 3\ldots(p-1)} \varphi(x + (2n+p)a\sqrt{-1}).$$

Pour exprimer ces sommes en intégrales il suffit de remarquer que la formule

$$G \frac{1}{e^{-au} - e^{au}} = \frac{1}{4a\sqrt{-1}} \int_{-\infty}^{\infty} \frac{1 - e^{\frac{\pi y}{a}}}{1 + e^{\frac{\pi y}{a}}} \varphi(x + y\sqrt{-1})dy,$$

donnera en généralisant par facteurs

$$G\frac{1}{(e^{-au}-e^{au})^2}=$$

$$=-\frac{1}{2^2a^2}\int_{-\infty}^{\infty}\int_{-\infty}^{\infty}\frac{1-e^{\frac{\pi y}{a}}}{1+e^{\frac{\pi y}{a}}}\cdot\frac{1-e^{\frac{\pi v}{a}}}{1+e^{\frac{\pi v}{a}}}\varphi(x+(y+v)\sqrt{-1})dydv,$$

$$G\frac{1}{(e^{-au}-e^{au})^3}=\frac{-1}{2^8a^4\sqrt{-1}}\int_{-\infty}^{\infty}\int_{-\infty}^{\infty}\int_{-\infty}^{\infty}\frac{1-e^{\frac{\pi y}{a}}}{1+e^{\frac{\pi y}{a}}}\frac{1-e^{\frac{\pi v}{a}}}{1+e^{\frac{\pi v}{a}}}\frac{1-e^{\frac{\pi w}{a}}}{1+e^{\frac{\pi w}{a}}}\times$$
$$\times\varphi(x+(y+v+w)\sqrt{-1})dydvdw,$$

et généralement nous pourrons écrire

$$\sum_{n=0}^{n=\infty}\frac{(n+1)(n+2)\ldots(n+p-1)}{1.\ 2.\ 3\ldots(p-1)}\varphi(x+(2n+p)a)=$$

$$=\frac{1}{2^{2p}a^p(\sqrt{-1})^p}\int_{-\infty}^{\infty}{}^{p}\ \frac{1-e^{\frac{\pi y}{a}}}{1+e^{\frac{\pi y}{a}}}\cdots\frac{e-e^{\frac{\pi t}{a}}}{e+e^{\frac{\pi t}{a}}}\varphi(x+(y+\ldots+t)\sqrt{-1})dy\ldots dt.$$

En supposant $p=1$ nous aurons

$$\sum_{n=0}^{n=\infty}\varphi(x+(2n+1)a)=\frac{1}{2^2a\sqrt{-1}}\int_{-\infty}^{\infty}\frac{1-e^{\frac{\pi y}{a}}}{1+e^{\frac{\pi y}{a}}}\varphi(x+y\sqrt{-1})dy,$$

que nous pouvons écrire sous la forme

$$(1)\left\{\begin{array}{l}\displaystyle\sum_{n=0}^{n=\infty}\varphi(x+(2n+1)a)=\\ \displaystyle=\frac{1}{2^2\sqrt{-1}}\int_0^{\infty}\frac{1-e^{\pi y}}{1+e^{\pi y}}\left\{\varphi(x+ay\sqrt{-1})-\varphi(x-ay\sqrt{-1})\right\}dy,\end{array}\right.$$

dégénéralisant il en résultera :

$$\int_0^{\infty}\frac{e^{\pi y}-1}{e^{\pi y}+1}\sin ay dy=-2\sum_{n=0}^{n=\infty}e^{-(2n+1)a}=\frac{2}{e^a-e^{-a}}.$$

Si dans la formule (9), du § **9**, nous posons $\Psi(u)=\dfrac{1}{e^{au}+e^{-au}}$ nous en déduirons

$$G\frac{1}{e^{au}+e^{-au}}=\frac{1}{\pi}\int_0^\infty\int_0^\infty\frac{\varphi(x+y\sqrt{-1})+\varphi(x-y\sqrt{-1})}{e^{av}+e^{-av}}\cos yv dy dv,$$

mais comme

$$\int_0^\infty\frac{\cos yv dv}{e^{av}+e^{-av}}=\frac{\pi}{2a}\frac{1}{e^{\frac{\pi y}{2a}}+e^{-\frac{\pi y}{2a}}},$$

il en résultera :

$$(2)\quad G\frac{1}{e^{au}+e^{-au}}=\frac{1}{2a}\int_0^\infty\frac{\varphi(x+y\sqrt{-1})+\varphi(x-y\sqrt{-1})}{e^{\frac{\pi y}{2a}}+e^{-\frac{\pi y}{2a}}}dy,$$

d'autre part on a :

$$G\frac{1}{e^{au}+e^{-au}}=\sum_{n=0}^{n=\infty}(-1)^n\varphi(x+(2n+1)a),$$

et par conséquent

$$(3)\quad \sum_{u=0}^{n=\infty}(-1)^n\varphi(x+(2n+1)a)=\frac{1}{2}\int_{-\infty}^\infty\frac{\varphi(x+2ay\sqrt{-1})}{e^{\frac{\pi y}{2}}+e^{-\frac{\pi y}{2}}}dy,$$

et faisant dans la formule (2) $a=a\sqrt{-1}$ nous obtenons la formule (4) du § **32**.

Par un procédé analogue à celui que nous avons suivi pour déterminer la valeur de $G\frac{1}{(e^{-au}-e^{au})^p}$ nous obtiendrons

$$G\frac{1}{(e^{au}+e^{-au})^p}=\sum_{n=0}^{n=\infty}(-1)^n\frac{n(n+1)\dots(n+p-1)}{1.2.3\dots p}\varphi(x+(p+2n)a),$$

et en faisant $a=a\sqrt{-1}$

$$G\frac{1}{(\cos au)^p}=2^p\sum_{n=0}^{n=\infty}(-1)^n\frac{n(n+1)\dots(n+p-1)}{1.2.3\dots p}\varphi(x+(p+2n)a\sqrt{-1}).$$

CHAPITRE XII

EXPRESSION DE LA SOMME
DE QUELQUES SÉRIES GÉNÉRALES EN INTÉGRALES DÉFINIES

§ **47.** — Le calcul de généralisation fournit un procédé facile pour exprimer les valeurs de certaines séries générales quelquefois sous des formes plus simples que celles que l'on peut obtenir par le calcul direct.

Proposons-nous de déterminer la valeur de la somme de la série

$$z = \varphi(x) + a\varphi'(x) + a^2\varphi''(x) +$$

nous en déduirons en différentiant par rapport à x

$$\frac{dz}{dx} = \varphi'(x) + a\,\varphi''(x) + a^2\varphi'''(x) + \ldots$$

et par conséquent pour déterminer z nous aurons l'équation

$$\frac{dz}{dx} - \frac{z}{a} = -\frac{\varphi(x)}{a},$$

équation linéaire qui a pour intégrale

$$(1) \qquad z = e^{\frac{x}{a}}\left(C - \frac{1}{a}\int e^{-\frac{x}{a}}\varphi(x)dx\right),$$

formule peu commode pour déterminer la valeur de z, la constante C devant être déterminée pour une valeur particulière attribuée à x.

Mais, si l'on emploie le calcul de généralisation en posant

$$\varphi(x) = Ge^{xu},$$

nous aurons

$$(2) \quad z = G(1 + au + a^2u^2 + a^3u^3 + \ldots) = G\,\frac{e^{xu}}{1 - au} = \frac{1}{a}\int_0^\infty e^{-\frac{v}{a}}\varphi(x+v)dv,$$

que l'on peut écrire, en posant $v = av$, sous la forme

$$(3) \qquad z = \int_0^\infty e^{-v}\varphi(x + av)d\omega,$$

telle est l'expression de la somme de la série proposée.

Pour faire coïncider ces formules (1) et (3) posons $x + av = \omega$, il en résultera $dv = \frac{d\omega}{a}$ $v = \frac{\omega - x}{a}$ et par conséquent :

$$z = \frac{e^{\frac{x}{a}}}{a}\int_0^\infty e^{-\frac{\omega}{a}}\varphi(\omega)d\omega =$$

$$= \frac{e^{\frac{x}{a}}}{a}\int_{x_0}^\infty e^{-\frac{\omega}{a}}\varphi(\omega)d\omega - \frac{e^{\frac{x}{a}}}{a}\int_{x_0}^x e^{-\frac{\omega}{a}}\varphi(\omega)d\omega,$$

mais comme $\int_{x_0}^\infty e^{-\frac{\omega}{a}}\varphi(\omega)d\omega$ est une constante C' et que

$$\int_{x_0}^\infty e^{-\frac{\omega}{a}}\varphi(\omega)d\omega = \int e^{-\frac{x}{a}}\varphi(x)dx + C'',$$

nous obtiendrons la formule

$$z = \frac{e^{\frac{x}{a}}}{a}(C'' + C' - \int e^{\frac{x}{a}}\varphi(x)dx),$$

relation identique à la formule (1) en posant $C' + C'' = C$.

Si nous écrivons la relation (2) sous la forme

$$\varphi(x) + a\varphi'(x) + a^2\varphi''(x) + \ldots = \frac{1}{a}\int_0^\infty e^{-\frac{v}{a}}\varphi(x + v)dv,$$

généralisant de nouveau par rapport à a, en posant $a = au$, il en résultera

$$(4) \quad \varphi(x)^2 + a\varphi'(x)^2 + a^2\varphi''(x)^2 + \ldots = \frac{1}{a}\int_0^\infty \varphi(x + v)dv \; G\frac{e^{-\frac{v}{au}}}{u},$$

Si l'on remarque que la formule (7) du § **25** donne

$$Ge^{-\frac{p}{au}} = \varphi(x) - \frac{2}{\pi}\int_0^\infty\int_0^\infty \sin\frac{p}{ah}\sin hw\varphi(x-w)\,dwdh,$$

à l'aide de cette relation nous pourrons écrire la formule (4) sous la forme

$$(5)\quad \left\{\begin{aligned} &\varphi(x)^2 + a\varphi'(x)^2 + a^2\varphi''(x)^2 + \ldots \\ &= \frac{2}{a\pi}\int_0^\infty\int_0^\infty\int_0^\infty \cos\frac{t}{ah}\,\frac{\sin hv}{h}\,\varphi(x-t)\,\varphi(x-v)\,dvdtdh, \end{aligned}\right.$$

en généralisant de nouveau par rapport à a nous aurons la valeur de

$$\varphi(x)^3 + a\varphi'(x)^3 + a^2\varphi''(x)^3 + \ldots$$

et ainsi de suite.

§ **48.** — En généralisant les deux membres de l'identité

$$au - \frac{a^3u^3}{3} + \frac{a^5u^5}{5} - \ldots \qquad = \text{arc (tang } au),$$

nous aurons (formule (2) du § **33**,

$$(1)\quad \left\{\begin{aligned} &a\varphi'(x) - \frac{a^3}{3}\varphi'''(x) + \frac{a^5}{5}\varphi'''''(x) - \ldots = \\ &= \frac{1}{\sqrt{-1}}\int_0^\infty e^{-t}\left\{\varphi(x+at\sqrt{-1}) - \varphi(x-at\sqrt{-1})\right\}\frac{dt}{t}, \end{aligned}\right.$$

généralisant de nouveau par rapport à a, en posant $a = au$, nous obtiendrons :

$$a\varphi'(x)^2 - \frac{a^3}{3}\varphi'''(x)^2 + \frac{a^5}{5}\varphi'''''(x) - \ldots =$$

$$= -\frac{1}{2\pi}\int_0^\infty\int_0^\infty\int_0^\infty \frac{e^{-t}}{t}\left\{\varphi(x+atv\sqrt{-1}) - \varphi(x-atv\sqrt{-1})\right\} \mathrm{Y}\sin yv\,dydvdt,$$

en posant pour abréger $\mathrm{Y} = \varphi(x + y\sqrt{-1}) - \varphi(x - y\sqrt{-1})$.

Nous avons trouvé (formule (1) du § **23**) que

$$\mathrm{G}\ \text{arc}\ (\sin au) =$$

$$= \frac{1}{\pi}\int_0^\infty\int_0^\infty \frac{e^{-t^2-z^2}}{tz}\left\{\varphi(x+2atz) - \varphi(x-2atz)\right\}dzdt,$$

comme d'ailleurs

$$\text{arc}(\sin au) = au + \frac{1}{2}\frac{a^3}{3}u^3 + \frac{1.3}{2.4}\frac{a^5}{5}u^5 + \frac{1.3.5}{2.4.6}\frac{a^7}{7}u^7 + \ldots$$

nous obtiendrons à l'aide de ces deux identités

$$(2)\quad \left\{\begin{aligned} & a\varphi'(x) + \frac{1}{2}\frac{a^3}{3}\varphi'''(x) + \frac{1.3}{2.4}\frac{a^5}{5}\varphi'''''(x) + \ldots = \\ & = \frac{1}{\pi}\int_0^\infty\int_0^\infty \frac{e^{-t^2-z^2}}{tz}\left\{\varphi(x+2atz) - \varphi(x-2atz)\right\} dzdt, \end{aligned}\right.$$

en supposant $\varphi(x) = \sin x$ nous aurons :

$$(3)\quad \left\{\begin{aligned} & a - \frac{1}{2}\frac{a^3}{3} + \frac{1.3}{2.4}\frac{a^5}{5} - \frac{1.3.5}{2.4.5}\frac{a^7}{7} + \ldots = \\ & = \frac{2}{\pi}\int_0^\infty\int_0^\infty \frac{e^{-t^2-z^2}}{tz}\sin 2atzdzdt, \end{aligned}\right.$$

différentiant par rapport à a

$$(4)\quad \left\{\begin{aligned} & 1 - \frac{1}{2}a^2 + \frac{1.3}{2.4}a^4 - \frac{1.3.5}{2.4.6}a^6 + \ldots = \\ & = \frac{4}{\pi}\int_0^\infty\int_0^\infty e^{-t^2-z^2}\cos 2atzdzdt = \frac{1}{\sqrt{1+a^2}}, \end{aligned}\right.$$

généralisant ces formules (3) et (4) nous obtiendrons :

$$(5)\quad \left\{\begin{aligned} & a\varphi'(x) - \frac{1}{2}\frac{a^3}{3}\varphi'''(x) + \frac{1.3}{2.4}\frac{a^5}{5}\varphi'''''(x) + \ldots = \\ & \frac{1}{\pi\sqrt{-1}}\int_0^\infty\int_0^\infty \frac{e^{-t^2-z^2}}{tz}\left\{\varphi(x+2atz\sqrt{-1}) - \varphi(x-2atz\sqrt{-1})\right\} dz\,dt \end{aligned}\right.$$

$$(6)\quad \left\{\begin{aligned} & \varphi(x) - \frac{1}{2}a^2\varphi''(x) + \frac{1.3}{2.4}a^4\varphi''''(x) - \ldots = \\ & = \frac{2}{\pi}\int_0^\infty\int_0^\infty e^{-t^2-z^2}\left\{\varphi(x+2atz\sqrt{-1}) + \varphi(x-2atz\sqrt{-1})\right\} dz\,dt \end{aligned}\right.$$

§ **49**. — Si l'on développe l'exponentielle $e^{2a\cos t}$ suivant les puissances de a, on obtient :

$$e^{2a\cos t} = 1 + \frac{2a\cos t}{1} + \frac{2^2a^2\cos^2 t}{1.2} + \ldots$$

en multipliant cette identité par dt et en intégrant les deux membres entre les limites o et π nous aurons, en remarquant que

$$\int_0^\pi \cos^{2n+1} t\, dt = o \qquad \int_0^\pi \cos^{2n} t = \frac{1.3.5\ldots(2n-1)}{2.4.6\ldots 2n}\pi$$

la relation

$$(1)\left\{\begin{aligned} 1 + \frac{a^2}{1^2} + \frac{a^4}{(1.2)^2} + \frac{a^6}{(1.2.3)^2} + \ldots &= \frac{1}{\pi}\int_0^\infty e^{2a\cos t}\, dt = \\ &= \frac{1}{\pi}\int_{-1}^{+1} \frac{e^{2a\omega}}{\sqrt{1-\omega^2}}\, d\omega = \sum_{n=0}^{n=\infty} \frac{a^{2n}}{(1.2.3\ldots n)^2} \end{aligned}\right.$$

généralisant les deux membres par rapport à a, nous aurons :

$$(2)\ \varphi(x) + \frac{\varphi''(x)}{1^2}a^2 + \varphi''''(x)\frac{a^4}{(1.2)^2} + \varphi''''''(x)\frac{a^6}{(1.2.3)^2} + \ldots = \frac{1}{\pi}\int_{-1}^{+1} \frac{\varphi(x+2a\omega)}{\sqrt{1-\omega^2}}\, d\omega$$

posant $\varphi(x) = \sin x$ nous en déduirons :

$$1 - \frac{a^2}{1} + \frac{a^4}{(1.2)^4} - \frac{a^6}{(1.2.3)^2} + \ldots = \frac{1}{\pi}\int_{-1}^{+1} \frac{\cos 2a\omega}{\sqrt{1-\omega^2}}\, d\omega = \sum_{n=0}^{n=\infty} (-1)^n \frac{a^{2n}}{(1.2.3\ldots n)^2}$$

qu'on peut écrire

$$(3)\ 1 - \frac{a}{1} + \frac{a^2}{(1.2)^2} - \frac{a^3}{(1.2.3)^2} + \ldots = \frac{1}{\pi}\int_{-1}^{+1} \frac{\cos 2\sqrt{a}\omega}{\sqrt{1-\omega^2}}\, d\omega = \sum_{n=0}^{n=\infty} (-1)^n \frac{a^n}{(1.2.3\ldots n)^2}$$

Nous trouverons de même si l'on considère l'identité

$$e^{2a\sin t} = 1 + \frac{2a}{1}\sin t + \frac{2^2a^2}{1.2}\sin^2 t + \ldots$$

et en remarquant que

$$\int_0^\pi \sin^{2n+1} t\, dt = \frac{2.4.6\ldots 2n}{1.3.5\ldots(2n+1)}\, 2$$

$$\int_0^\pi \sin^{2n} t\, dt = \frac{1.3.5\ldots(2n-1)}{2.4.6\ldots 2n}\pi$$

la relation

$$\int_0^\pi e^{2a\sin t}dt = 2\left\{\frac{2a}{1}+\frac{2^3a^3}{(1.3)^2}+\frac{2^5a^5}{(1.3.5)^2}+\ldots\right\}+\pi\left\{1+\frac{a^2}{1^2}+\frac{a^4}{(1.2)^2}+\ldots\right\}$$

qu'on peut écrire à l'aide de la formule (1)

$$\int_0^\pi (e^{2a\sin t}-e^{2a\cos t})dt = 2\left\{\frac{2a}{1^2}+\frac{2^3a^3}{(1.3)^2}+\frac{2^5a^5}{(1.3.5)^2}+\ldots\right\}$$

posant $a=\frac{a}{2}$ nous aurons

$$(4)\quad \begin{cases}\displaystyle\int_0^\pi (e^{a\sin t}-e^{a\cos t})dt = 2\left\{\frac{a}{1}+\frac{a^3}{(1.3)^2}+\frac{a^5}{(1.3.5)^2}+\ldots\right\} = \\ \displaystyle = 2\sum_{n=1}^{n=\infty}\frac{a^{2n+1}}{(1.3.5\ldots(2n+1))^2}\end{cases}$$

généralisant par rapport à a il en résultera

$$(5)\quad \varphi'(x)+\frac{a^3\varphi'''(x)}{(1.3)^2}+\frac{a^5\varphi^{v}(x)}{(1.3.5)^2}+\ldots=\frac{1}{2}\int_0^\pi\{\varphi(x+a\sin t)-\varphi(x+a\cos t)\}dt$$

en supposant $a=1$ dans la formule (4) nous obtiendrons

$$(6)\quad \frac{1}{1}+\frac{1}{(1.3)^2}+\frac{1}{(1.3.5)^2}+\ldots=\frac{1}{2}\int_0^\pi(e^{\sin t}-e^{\cos t})dt$$

§ **50**. — Si dans l'égalité (1) du § précédent nous posons $a=\sqrt{a}$, nous en déduirons :

$$1+\frac{a}{1^2}+\frac{a^2}{(1.2)^2}+\frac{a^3}{(1.2.3)^2}+\ldots=\frac{1}{\pi}\int_0^\pi e^{-2\sqrt{a}\cos t}\,dt$$

généralisant par rapport à a nous aurons :

$$\varphi(x)+a\frac{\varphi'(x)}{1^2}+a^2\frac{\varphi''(x)}{(1.2)^2}+a^3\frac{\varphi'''(x)}{(1.2.3)^2}+\ldots=\frac{1}{\pi\sqrt{\pi}}\int_0^\pi dt\int_{-\infty}^{\infty}e^{-v^2}\varphi\left(x-\frac{a\cos^2 t}{v^2}\right)dv$$

généralisant de nouveau par rapport à a

$$\varphi(x)^2 + a\left(\frac{\varphi'(x)}{1}\right)^2 + a^2\left(\frac{\varphi''(x)}{1.2}\right)^2 + a^3\left(\frac{\varphi'''(x)}{1.2.3}\right)^2 + \ldots =$$

$$= \frac{1}{4\pi^2\sqrt{\pi}}\int_0^\pi dt \int_{-\infty}^{\infty}\int_{-\infty}^{\infty}\int_{-\infty}^{\infty} e^{-v^2-zy\sqrt{-1}}\varphi\left(x - \frac{az\cos^2 t}{v^2}\right)dv\,dy\,dz$$

égalité que nous pouvons écrire en posant $a = a^2$

$$(1)\quad \left\{\begin{aligned} &\varphi(x)^2 + \left(\frac{a\varphi'(x)}{1}\right)^2 + \left(\frac{a^2\varphi''(x)}{1.2}\right)^2 + \left(\frac{a^3\varphi'''(x)}{1.2.3}\right)^2 + \ldots = \\ &= \frac{1}{4\pi^2\sqrt{\pi}}\int_0^\pi dt \int_{-\infty}^{\infty}\int_{-\infty}^{\infty}\int_{-\infty}^{\infty} e^{-v^2-zy\sqrt{-1}}\varphi\left(x - \frac{a^2 z\cos^2 t}{v^2}\right)dv\,dy\,dz\end{aligned}\right.$$

c'est une expression de la somme des carrés des termes de la formule de Taylor.

Problème. — *Étant données les deux séries qui résultent du développement de* $\Psi(x + a)$ *et* $\theta(y + b)$ *par le théorème de Taylor.*

$$\Psi(x) + a\,\frac{\Psi'(x)}{1} + a^2\,\frac{\Psi''(x)}{1.2} + \ldots + a^n\,\frac{\Psi^{(n)}(x)}{1.2.3\ldots n} + \ldots$$

$$\theta(y) + b\,\frac{\theta'(y)}{1} + b^2\,\frac{\theta''(y)}{1.2} + \ldots + b^n\,\frac{\theta^{(n)}(y)}{1.2.3\ldots n} + \ldots$$

déterminer la somme du produit des termes de même rang, soit :

$$\Psi(x)\theta(y) + ab\left(\frac{\Psi'(x)\theta'(y)}{1}\right) + a^2b^2\,\frac{\Psi''(x)\theta''(y)}{(1.2)^2} + \ldots + a^nb^n\,\frac{\Psi^n(x)\theta^n(y)}{(1.2.3\ldots n)^2} + \ldots$$

Pour résoudre cette question, nous considérerons l'identité (1) du § précédent de laquelle nous déduirons, en posant $a = -\sqrt{ab}$

$$1 + \frac{ab}{1^2} + \frac{a^2b^2}{(1.2)^2} + \frac{a^3b^3}{(1.2.3)^2} + \ldots\ldots = \frac{1}{\pi}\int_0^\pi e^{-2\sqrt{ab}\cos t}\,dt$$

en faisant dans cette identité $a = au$ et en généralisant par rapport à u en prenant $Ge^{au} = \Psi(x + a)$ comme équation de définition de la fonction Ψ, nous obtiendrons

$$\Psi(x) + \frac{ab\Psi'(x)}{1^2} + \frac{a^2b^2\Psi''(x)}{(1.2)^2} + \ldots =$$

$$= \frac{1}{\pi^{3/2}}\int_0^\pi dt \int_{-\infty}^{\infty} e^{-z^2}\Psi\left(x - \frac{ab\cos^2 t}{z^2}\right)dz,$$

en posant dans cette identité $b = bv$ et en généralisant de nouveau les deux membres par rapport à v en prenant $\mathrm{G}e^{bv} = \Theta(y + b)$ comme équation de définition de la fonction Θ nous aurons

$$\Psi(x)\Theta(y) + \frac{ab\Psi'(x)\Theta'(y)}{1^2} + \frac{a^2b^2\Psi''(x)\Theta''(y)}{(1.2)^2} + \ldots =$$

$$= \frac{1}{\pi^{3/2}}\int_0^{\pi} dt \int_{-\infty}^{\infty} e^{-z^2}dz\mathrm{G}\Psi\left(x - \frac{ab \cos t^{2t}}{z^2} v\right),$$

mais si l'on remarque que (formule (8) du § (9))

$$\mathrm{G}\Psi\left(x - \frac{ab \cos^2 t}{z^2} v\right) =$$

$$= \frac{1}{4\pi}\int_{-\infty}^{\infty}\int_{-\infty}^{\infty}\Psi\left(x - \frac{ab \cos^2 t}{z^2} h\right)\Theta(y + \omega\sqrt{-1})e^{-\omega h\sqrt{-1}}d\omega dh,$$

il en résultera la relation

$$\Psi(x)\Theta(y) + ab\,\frac{\Psi'(x)\Theta'(y)}{1^2} + a^2b^2\,\frac{\Psi''(x)\Theta''(y)}{(1.2)^2} + \ldots =$$

$$= \frac{1}{4\pi^{5/2}}\int_0^{\pi} dt\int_{-\infty}^{\infty}\int_{-\infty}^{\infty}\int_{-\infty}^{\infty}\Psi\left(x - \frac{ab\cos^2 t}{z^2}h\right)\Theta(y+\omega\sqrt{-1})e^{-\omega h\sqrt{-1}}d\omega dh dz.$$

§ **51**. — En généralisant les deux membres de l'intégrale

$$\int_0^1 t^{-at}dt = \sum_{n=1}^{n=\infty}\frac{a^{n-1}}{n^n},$$

nous en déduirons

$$(1)\quad \varphi(x) + \frac{a}{2^2}\varphi'(x) + \frac{a^2}{3^3}\varphi''(x) + \frac{a^3}{4^4}\varphi'''(x) + \ldots = \int_0^1 \varphi(x - a\log t^t)dt,$$

en changeant a en $-a$ il en résultera

$$(2)\quad \varphi(x) - \frac{a}{2^2}\varphi'(x) + \frac{a^2}{3^3}\varphi''(x) - \frac{a^4}{4^4}\varphi'''(x) + \ldots = \int_0^1 \varphi(x + a\log t^t)dt,$$

de ces identités on déduit :

$$\sum_{n=1}^{n=\infty}\frac{a^{2n+1}}{(2n+2)^{2n+2}}\frac{d^{2n+1}}{dx^{2n+1}}\varphi(x) = \frac{1}{2}\int_0^1\{\varphi(x - a\log t^t) - \varphi(x + a\log t^t)\}dt,$$

$$\sum_{n=1}^{n=\infty} \frac{a^{2n}}{(2n+1)^{2n+1}} \frac{d^{2n}}{dx^{2n}} \varphi(x) = \frac{1}{2} \int_0^1 \{\varphi(x - a \log t^t) + \varphi(x + a \log t^t)\} dt,$$

en supposant $\varphi(x) = \log x$ il en résultera

$$\sum_{n=0}^{n=\infty} \frac{\Gamma(2n+1)}{(2n+2)^{2n+2}} p^{2n+1} = \int_0^1 \log\left(\frac{1 - p \log t^t}{1 + p \log t^t}\right) dt,$$

$$\sum_{n=1}^{n=\infty} \frac{\Gamma(2n)}{(2n+1)^{2n+1}} p^n = -\frac{1}{2} \int_0^1 \log(1 + p \log {}^2 t^t) dt.$$

De ces mêmes formules (1) et (2) on déduit en posant $\varphi(x) = \sin x$

$$\sum_{n=0}^{n=\infty} (-1)^n \frac{a^{2n}}{(2n+1)^{2n+1}} = \int_0^1 \cos(a \log t^t) dt,$$

$$\sum_{n=1}^{n=\infty} (-1)^{n-1} \frac{a^{2n+1}}{(2n)^{2n}} = -\int \sin(a \log t^t) dt,$$

généralisant ces deux identités nous aurons

$$\varphi(x) - \frac{a^2}{3^3} \varphi''(x) + \frac{a^4}{5^5} \varphi''''(x) - \ldots =$$

$$= \frac{1}{2} \int_0^1 \{\varphi(x + at \log t\sqrt{-1}) + \varphi(x - at \log t\sqrt{-1})\} dt,$$

$$\frac{a}{2^2} \varphi'(x) - \frac{a^3}{4^4} \varphi'''(x) + \frac{a^5}{6^6} \varphi'''''(x) - \ldots =$$

$$= \frac{1}{2\sqrt{-1}} \int_0^1 \{\varphi(x - at \log t\sqrt{-1}) - \varphi(x + at \log t\sqrt{-1})\} dt.$$

Si l'on développe l'exponentielle

$$e^{au^k} = 1 + \frac{a}{1} u^k + \frac{a^2}{1.2} u^{2k} + \frac{a^3}{1.2.3.} u^{3k} + \ldots$$

nous aurons en généralisant

$$\sum_{n=0}^{n=\infty} \frac{a^n}{\Gamma(n+1)} \frac{d^{nk}}{dx^{nk}} \varphi(x) = \mathrm{G}e^{au^k},$$

en supposant $k = 2,\ 2^2,\ 2^3,\dots\ 2^n$ nous aurons à l'aide des formules (2), (3),... et (5) du § **24**.

$$\varphi(x) + \frac{a}{1}\varphi''(x) + \frac{a^2}{1.2}\varphi''''(x) + \dots = \frac{1}{\sqrt{\pi}}\int_{-\infty}^{\infty} e^{-t^2}\varphi(x + 2\sqrt{at})dt,$$

$$\varphi(x) + \frac{a}{1}\varphi''''(x) + \frac{a^2}{1.2}\varphi''''''''(x) + \dots = \frac{1}{\pi}\int_{-\infty}^{\infty}\int_{-\infty}^{\infty} e^{-v^2-t^2}\varphi(x + 2^{1+\frac{1}{2}} tv^{\frac{1}{2}} a^{\frac{1}{4}})dvdt$$

$$\varphi(x) + \frac{a}{1}\varphi^{(2^n)}x + \frac{a^2}{1.2}\varphi^{(2^{n+1})}x + \dots = \frac{1}{\pi^{n/2}}\int_{-\infty}^{\infty}\int_{-\infty}^{\infty}\int_{-\infty}^{\infty}\dots$$

$$\int_{-\infty}^{\infty}\dots e^{-v^2-t^2-w^2-z^2-\dots}\varphi\left(x + 2^{1+\frac{1}{2}+\frac{1}{4}+\dots+\frac{1}{2^n}} tv^{\frac{1}{2}} w^{\frac{1}{4}} z^{\frac{1}{8}}\dots a^{\frac{1}{2^n}}\right) dvdtdwdz\dots$$

§ **52.** — Si l'on généralise les deux membres de l'intégrale connue

$$\int_0^{\infty} \frac{\cos 2ut}{e^{\pi t} - e^{-\pi t}} = \frac{1}{2}u - \frac{1}{2}\log\left(1 + e^{2u}\right),$$

l'on obtiendra la formule

$$\sum_{n=1}^{n=\infty} \frac{(-1)^{n-1}}{n}\varphi(x+2n) = \varphi'(x) - \int_0^{\infty} \frac{\varphi(x+2t\sqrt{-1})+\varphi(x-2t\sqrt{-1})}{e^{\pi t} - e^{\pi t}}\frac{dt}{t},$$

en posant $\varphi(x) = \log x$ nous aurons :

$$\log\frac{(x+2)(x+6)^{\frac{1}{3}}(x+10)^{\frac{1}{5}}\dots}{(x+4)^{\frac{1}{2}}(x+8)^{\frac{1}{4}}(x+12)^{\frac{1}{6}}\dots} = \frac{1}{x} - \int_0^{\infty}\frac{\log(x^2+4t^2)}{e^{\pi t} - e^{-\pi t}}dt.$$

CHAPITRE XIII

—

INTÉGRATION DES ÉQUATIONS

§ **53**. — Le calcul de généralisation se prête, avec la plus grande facilité, à la détermination des intégrales de certaines équations différentielles ou aux différences et différentielles partielles, ainsi qu'à la solution de divers problèmes qui s'y rattachent.

Nous allons entrer dans l'examen de quelques principes généraux qui faciliteront notre exposé.

Nous avons reconnu que toute fonction de n variables indépendantes $F(x, y, z, \ldots)$ pouvait être représentée par l'identité symbolique.

$$F(x, y, z, \ldots) = Ge^{xu + yv + zw}, \tag{1}$$

$u, v, w, \ldots$ étant les n variables de généralisation sur lesquelles porte le signe G.

Si les variables $x, y, z, \ldots$ de la fonction sont complètement indépendantes entre elles, il en sera de même des variables correspondantes de généralisation $u, v, w, \ldots$ et réciproquement ; mais s'il existe une relation entre les variables de la fonction, il doit exister également une relation que nous pourrons exprimer par une équation entre les variables de généralisation, relation que nous pourrons exprimer par une équation entre les variables correspondantes.

Si, à côté de l'égalité (1), nous avons la relation

$$\Psi(u, v, w, \ldots) = 0, \tag{2}$$

on comprend aisément qu'en déduisant de cette équation la valeur de l'une de ces variables en fonction de toutes les autres, et en substituant cette valeur dans l'identité (1) nous n'aurons plus que $n - 1$ variables de généralisation, ce qui limitera l'opération G à une variable de moins ; la fonction F sera bien toujours une fonction des n variables $x, y, z, \ldots$ mais ces variables ne seront plus indépendantes entre elles, elles seront reliées par une relation qui dépendra de la forme de l'équation (2).

Si cette équation admettait, pour l'une des variables, plusieurs valeurs en fonction des $n - 1$ autres, l'expression (1) aurait autant de valeurs que l'on obtiendrait de racines différentes et l'expression symbolique $Ge^{xu + yv + zw \cdots}$ s'étendrait à toutes ces valeurs, de sorte qu'elle représenterait plusieurs fonctions différentes entre elles.

Si, au lieu de l'équation (2) on avait un nombre m d'équations simultanées entre les n variables de généralisation

$$\Psi(u, v, w, \ldots) = 0,$$
$$\Psi_1(u, v, w, \ldots) = 0.$$
$$\cdots\cdots\cdots$$

on pourrait concevoir que l'on déduisit de ces m équations, les valeurs de m variables en fonction des $n - m$ autres, et, qu'on réduisit ainsi la généralisation à $n - m$ variables.

Dans le cas où m serait égal à n, toutes les variables de généralisation seraient éliminées, par suite la fonction serait complètement déterminée, la généralisation se réduirait à la multiplier par une constante arbitraire.

Si, à côté de l'égalité (1) nous posons pour la relation (2) $u = v$ nous obtiendrons en remplaçant u par v dans l'égalité (1)

$$Ge^{(x + y)v + zw + \cdots} = F(x + y, z, \ldots),$$

et l'on reconnaît ainsi que les variables x et y ne sont plus indépendantes dans la fonction F, elles figurent seulement par leur somme.

On reconnaît de même que si nous posons pour l'équation (2) la relation

$$u^2 = v^2,$$

qui donne pour u les deux valeurs $u = v$, $u = -v$ nous obtiendrons à l'aide de l'égalité (1) les deux expressions

$$Ge^{(x+y)v+zw+\cdots} = F(x, +y, z, \ldots) \quad Ge^{(x-y)v + zw + \cdots} = F(x - y, z, \ldots),$$

on reconnaît ainsi qu'à l'identité (1) répondent deux fonctions, dans l'une les variables x et y figurent par leur somme, et, dans l'autre, par leur différence.

§ **54.** — Le procédé qui nous conduira généralement à l'intégration des équations consiste, particulièrement, à déterminer une expression de la variable principale en fonction des variables indépendantes, expression qui, contenant une ou plusieurs constantes, satisfasse à l'équation différentielle proposée, quelles que soient les valeurs de ces constantes ; en généralisant cette expression par rapport à ces constantes nous obtiendrons une intégrale renfermant une fonction arbitraire.

En effet, si quelles que soient les valeurs des constantes u, v, w, ... une expression $z = F(u, v, w, ...)$ satisfait à une équation aux différences ou différentielles partielles à coefficients constants exprimée par

$$Z = 0,$$

nous obtiendrons par la substitution de cette valeur dans l'équation proposée

$$Z_1 = 0,$$

d'autre part, en substituant la valeur $z = GF(u, v, w, ...)$ nous aurons comme premier membre de l'équation GZ_1 dont la valeur est nulle puisque $Z_1 = 0$; par conséquent, cette valeur de z qui renferme une fonction arbitraire, introduite par la généralisation, exprimera une intégrale de l'équation proposée.

C'est ainsi qu'en considérant l'équation

$$\frac{d^2z}{dt^2} = a\frac{dz}{ds},$$

à laquelle on peut satisfaire à l'aide de la valeur particulière

$$z = e^{tu + \frac{s}{a}u^2},$$

quelle que soit la valeur de la constante u.

En généralisant cette expression de z, par rapport à u, nous aurons

$$z = Ge^{tu + \frac{s}{a}u^2} = \frac{1}{\sqrt{\pi}}\int_{-\infty}^{\infty} e^{-\omega^2}\varphi\left(t + 2\sqrt{\frac{s}{u}}\,\omega\right)d\omega$$

comme intégrale de l'équation proposée.

§ 55. — Considérons maintenant une équation linéaire aux différences ou aux différentielles partielles à coefficients constants, dans laquelle la variable principale z est une fonction de deux ou plusieurs variables indépendantes $x, y, z, ...$ que nous pouvons dans tous les cas représenter par

$$(1) \qquad Z = 0,$$

en admettant que son second membre soit nul.

Nous pourrons exprimer son intégrale qui est une fonction de $x, y, z, ...$ à l'aide de l'identité

$$(2) \qquad z = Ge^{xu + yv + zw + ...},$$

cette valeur, substituée dans l'équation (1) donnera l'équation symbolique

$$Ge^{xu + yv + zw + ...}\psi(u, v, w, ...) = 0,$$

à laquellle on satisfera, en posant, entre les variables de généralisation, la relation

$$\Psi(u, v, w, \ldots) = 0,$$

que nous désignerons sous le nom d'*équation caractéristique* de l'équation proposée.

Par conséquent, à côté de l'identité (2) nous aurons cette nouvelle relation.

Cela posé, s'il est possible de déterminer, à l'aide de cette équation, toutes les valeurs de u en fonction de $v, w, \ldots$ qui y satisfont, valeurs que nous exprimerons par

$$u = f(v, w, \ldots) \quad u = f_1(v, w, \ldots) \quad u = f_2(v, w, \ldots) \text{ etc.},$$

nous aurons pour les valeurs de z exprimées par l'identité (2),

$$z = \mathrm{G}e^{xf(v, w, \ldots) + yv + \cdots},$$
$$z = \mathrm{G}e^{xf_1(v, w, \ldots) + yv + \cdots},$$
$$z = \mathrm{G}e^{xf_2(v, w, \ldots) + yv + \cdots}.$$

Chacune de ces égalités exprime une fonction des constantes $v, w, \ldots$ qui satisfait à l'équation proposée quelles que soient les valeurs de ces constantes ; par conséquent, en effectuant la généralisation, nous aurons autant d'intégrales de l'équation, chacune contenant une fonction arbitraire des variables indépendantes.

Le même raisonnement pouvant s'appliquer à chacune des variables de généralisation nous obtiendrons pour z autant de systèmes d'intégrales analogues à celui que nous venons de trouver.

Il est important de remarquer que toute relation qu'on établirait entre les variables de généralisation, ne satisfaisant pas à l'équation caractéristique, ne saurait conduire à une nouvelle intégrale de l'équation ; on peut conclure de là que nous obtenons par notre procédé toutes les expressions avec constantes arbitraires qui satisfont à l'équation proposée de sorte que l'intégrale complète ne saurait admettre d'autres fonctions arbitraires que celles qui sont renfermées dans le système d'intégrales que nous avons obtenu.

§ 56. Principe général. — *Si l'on considère deux ou plusieurs fonctions d'un nombre quelconque de variables $x, y, z, \ldots$ définies par les identités*

$$\mathrm{G}e^{xu + yv + zw + \cdots} = \varphi(x, y, z, \ldots), \tag{1}$$
$$\mathrm{G}e^{xu' + yv' + zw' + \cdots} = \varphi_1(x, y, z, \ldots), \tag{2}$$
$$\mathrm{G}e^{xu'' + yv'' + zw'' + \cdots} = \varphi_2(x, y, z, \ldots), \tag{3}$$

les signes de généralisation G *se rapportant aux variables* u, v, w, ...

pour la première aux variables u', v', w', ... *pour la seconde, et, ainsi de suite ;*

Nous pourrons, étant donnée l'équation symbolique

$$(4) \left\{ \begin{aligned} & Ge^{xu+yv+zw+\cdots}F(u,v,w,\ldots)+Ge^{xu'+yv'+zw'\cdots}F_1(u',v',w',\ldots)+ \\ & + Ge^{xu''+yv''+zw''+\cdots}F_2(u,v,w,)+\ldots=0. \end{aligned} \right.$$

en multiplier ou diviser chaque terme par une fonction quelconque $\Psi(u, v, w, \ldots)$ *pourvu que les variables de généralisation* u, v, w, ... *soient changées en* u', v', w', ... *pour le second terme, en* u'', v'', w'', ... *pour le troisième et ainsi de suite, et, écrire par conséquent la nouvelle relation*

$$(5) \left\{ \begin{aligned} & Ge^{xu+yv+zw+\cdots}F(u, v, w, \ldots)\,\Psi(u, v, w, \ldots) \\ & + Ge^{xu'+yv'+zw'+\cdots}F_1(u', v', w', \ldots)\,\Psi(u', v', w', \ldots) \\ & + Ge^{xu''+yv''+zw''+\cdots}F_2(u, v, w, \ldots)\,\Psi(u'', v'', w'', \ldots)+\ldots \end{aligned} \right\} = 0$$

En se rendant compte de l'opération que l'on effectue par la généralisation, on passe facilement de l'identité (4) à cette dernière ; mais il est très simple de donner de cet important principe une démonstration directe et rigoureuse.

Si l'on remarque que l'identité (4) devant avoir lieu, quelles que soient les valeurs de ses variables x, y, z, ... nous pourrons, sans troubler cette identité, substituer à ces valeurs $x+p$, $y+q$, $z+r$, ... et, par conséquent, l'écrire sous la forme

$$\begin{aligned} & Ge^{xu+yv+zw+\cdots}F(u, v, w,\ldots)e^{pu+qv+rw+\cdots}+ \\ & + Ge^{xu'+yv'+zw'+\cdots}F_1(u', v', w',\ldots)e^{pu'+qv'+vw'+\cdots}+\ldots=0. \end{aligned}$$

Cela posé, généralisons les deux membres de cet égalité par rapport aux variables p, q, r, ... en prenant comme équation de définition de la fonction Ψ

$$Ge^{up+vq+wr+\cdots}=\Psi(u, v, w, \ldots),$$

nous obtiendrons la relation (5).

Il résulte comme conséquence de ce principe que si l'on voulait déterminer la valeur de l'expression

$$Ge^{xu+yv+zw+\cdots}$$

qui satisfait à l'équation symbolique

$$Ge^{xu+yv+zw\cdots}F(u, v, w,\ldots)=Ge^{xu'+yv'+zw'+\cdots}F_1(u', v', w'\ldots)$$

il suffirait de diviser les deux membres de cette équation par F $(u, v, w,\ldots$, et d'écrire conformément à notre principe

$$Ge^{xu+yv+zw+\cdots}=Ge^{xu'+yv'+zw'+\cdots}\frac{F_1(u', v', w',\ldots}{F(u', v', w',\ldots)}.$$

Le procédé que nous emploierons généralement, pour l'intégration des équations, consistera à représenter les fonctions connues et inconnues qui entrent dans les équations sous la forme généralisatrice, de substituer dans les équations ces expressions et d'en déduire les intégrales à l'aide de la généralisation.

§ **57**. — Le procédé que nous venons de reconnaître est d'une grande importance et d'un usage fréquent, nous allons l'appliquer à la solution de quelques questions.

Soit $F(x)$ une fonction donnée et proposons-nous de déterminer la fonction $\Psi(x)$ qui satisfait à la relation

$$\Psi(x+a) - m\Psi(x+b) = \mathrm{F}(x).$$

En posant

$\Psi(x) = \mathrm{G}e^{xu}$ et $\mathrm{F}(x) = \mathrm{G}e^{xv}$ nous obtiendrons l'équation symbolique

$$\mathrm{G}e^{xu}(e^{au} - me^{bu}) = Ge^{xv},$$

dont on déduit

$$\mathrm{G}e^{xu} = \mathrm{G}\,\frac{e^{xv}}{e^{av} - me^{bv}},$$

effectuant la généralisation

$$\Psi(x) = \sum_{n=0}^{n=\infty} m^n \mathrm{F}(x + nb - (n+1)a).$$

Soit $F(x)$ une fonction donnée, on demande de déterminer la fonction $\Psi(x)$ qui satisfait à l'égalité :

$$\sum_{n=0}^{n=\infty} (-1)^n m^n \Psi(x+an) = \mathrm{F}(x).$$

Si nous posons

$$\Psi(x) = \mathrm{G}e^{xu'} \qquad \mathrm{F}(x) = \mathrm{G}e^{xu},$$

nous avons l'équation symbolique

$$\mathrm{G}e^{xu'} \sum_{n=0}^{n=\infty} (-1)^n m^n e^{anu'} = \mathrm{G}e^{xu},$$

qu'on peut écrire

$$\mathrm{G}e^{xu'}\,\frac{1}{1 - me^{au}} = \mathrm{G}e^{xu},$$

on déduit de cette équation,

$$\Psi(x) = Ge^{xu'} = Ge^{xu}(1 - me^{au}) = F(x) - mF(x+a).$$

§ **58**. — *Etant données les deux équations*

$$(1) \qquad \varphi(x+a) - \varphi(x+b) = F(x),$$

$$(2) \qquad \varphi(x+s) + \varphi(x+v) = F_1(x),$$

Proposons-nous : 1° *de déterminer la relation qui doit exister entre les fonctions* $F(x)$ *et* $F_1(x)$ *pour que ces équations soient compatibles,* en d'autres termes. *Soit proposé d'éliminer* $\varphi(x)$ *entre ces deux équations;* 2° *de déterminer la valeur de* $\varphi(x)$ *lorsque ces équations sont reconnues compatibles.*

En posant :

$$F(x) = Ge^{xu'} \qquad F_1(x) = Ge^{xu''} \qquad \varphi(x) = Ge^{xu}$$

et, en substituant dans les équations ces valeurs, nous pourrons les écrire sous les formes symboliques

$$Ge^{xu}(e^{au} - e^{bu}) = Ge^{xu'}$$

$$Ge^{xu}(e^{su} + e^{ru}) = Ge^{xu''},$$

on déduit de ces deux égalités à l'aide de notre principe général

$$Ge^{xu} = G\frac{e^{xu'}}{e^{au'} - e^{bu'}},$$

$$Ge^{xu} = G\frac{e^{xu''}}{e^{su''} + e^{ru''}},$$

il en résultera

$$G\frac{e^{xu'}}{e^{au'} - e^{bu'}} = G\frac{e^{xu''}}{e^{su''} + e^{ru''}},$$

formule qui donne

$$Ge^{xu''} = Ge^{xu'}\frac{e^{su'} + e^{ru'}}{e^{au'} - e^{bu'}},$$

$$Ge^{xu'} = Ge^{xu''}\frac{e^{au''} - e^{bu''}}{e^{su''} + e^{ru''}},$$

effectuant les généralisaitons

$$(3) \quad F_1(x) = \sum_{n=0}^{n=\infty}\left[F(x+s-a+(b-a)n) + F(x+r-a+(b-a)n)\right]$$

$$(4)\quad F(x)=\sum_{n=0}^{n=\infty}(-1)^n\big[F_1(x+a-s+(r-s)n)-F_1(x+b-s+(r-s)n)\big].$$

Chacune de ces deux formules, qui sont équivalentes, répond à la première question.

Pour déterminer la valeur de $\varphi(x)$ substituons à la place de x dans l'équation (1) $x-a$, et, dans l'équation (2) $x-s$, nous obtiendrons ainsi :

$$\varphi(x)-\varphi(x-a+b)=F(x-a),$$
$$\varphi(x)+\varphi(x-s+r)=F_1(x-s),$$

équations dont on déduit

$$(5)\qquad \varphi(x+s+r)+\varphi(x-a+b)=F_1(x-s)-F(x-a).$$

En posant

$$\varphi(x)=Ge^{xu}\quad\text{et}\quad F_1(x-s)-F(x-a)=Ge^{xv},$$

nous pouvons mettre l'égalité précédente sous la forme

$$Ge^{xu}(e^{(r-s)u}+e^{(b-a)u})=Ge^{xv},$$

dont on déduit

$$Ge^{xu}=G\frac{e^{xv}}{e^{(r-s)v}+e^{(b-a)v}},$$

effectuant la généralisation à l'aide de la formule (10) du § **25** nous obtiendrons la valeur de $\varphi(x)$ sous les deux formes

$$\varphi(x)=\sum_{n=-\infty}^{n=\infty}(-1)^n\big\{F_1(x-r+(b-a-r+s)n)-$$
$$-F(x-a-r+s+(b-a-r+s)n),$$

$$\varphi(x)=\frac{1}{2}\big[F_1(x-r)-F(x-r-a+s)\big]+$$

$$+\frac{1}{(a-b)\sqrt{-1}}\int_{-\infty}^{\infty}\frac{F_1(x-s+y\sqrt{-1})-F(x-a+y\sqrt{-1})}{e^{\frac{\pi y}{b-a-r+s}}-e^{\frac{-\pi y}{b-a-r+s}}}\,dy.$$

CHAPITRE XIV

DÉTERMINATION D'UNE INTÉGRALE PARTICULIÈRE DE TOUTE ÉQUATION DIFFÉRENTIELLE OU AUX DIFFÉRENCES ET DIFFÉRENTIELLES PARTIELLES, LINÉAIRE ET A COEFFICIENTS CONSTANTS AVEC SECOND MEMBRE

§ **59.** — Si nous désignons par z la variable principale, et par $x, y, z, \ldots$ les variables indépendantes, une pareille équation pourra, dans tous les cas, être exprimée par :

$$(1) \qquad \sum A\Delta^m{}_x \Delta^n{}_y \ldots \frac{d^p z}{dx^n dy^s \ldots} = \varphi(x, y, \ldots),$$

dont nous allons chercher à déterminer une intégrale particulière, en admettant toutefois que le second membre n'est pas nul.

Comme la variable principale z est une fonction des variables $x, y, \ldots$ nous pourrons poser l'identité symbolique

$$z = F(x, y, \ldots) = Ge^{xu' + yv' + \ldots}$$

et par suite, en désignant par $a, b, \ldots$ les accroissements finis que reçoivent les variables $x, y, \ldots$, nous pourrons mettre le premier membre de l'équation proposée sous la forme

$$G \sum Ae^{xu' + yv' + \ldots}(e^{au'} - 1)^m(e^{bv'} - 1)^n \ldots u'^{r'} v'^{s'} \ldots$$

si, de plus, nous posons :

$$(2) \qquad \varphi(x, y, \ldots) = Ge^{xu + yv + \ldots}$$

nous aurons :

$$G \sum Ae^{xu' + yv' + \ldots}(e^{au'} - 1)^m (e^{bv'} - 1)^n \ldots u'^{r'} v'^{s'} \ldots = Ge^{xu + yv + \ldots}$$

dont nous pourrons déduire, à l'aide de notre principe général, la valeur de z

$$(3) \qquad z = Ge^{xu' + yv' + \ldots} = G \frac{e^{xu + yv + \ldots}}{\sum A(e^{au} - 1)^m (e^{bv} - 1)^n \ldots u^r v^s \ldots}.$$

Cette équation représente l'intégrale particulière de l'équation proposée, en regardant l'équation (2) comme équation de définition de la fonction φ.

Dans le cas où la fonction donnée $\varphi(x, y, z, \ldots)$ ne refermerait qu'un certain nombre des variables indépendantes, on annulerait dans l'expression généralisatrice qui représente cette fonction les variables de généralisation qui correspondent aux variables qui ne figurent pas dans cette fonction.

La question de déterminer une intégrale particulière d'une équation linéaire aux différences ou différentielles partielles avec un second membre est ainsi réduite à un simple calcul de généralisation qui ne saurait présenter d'autre difficulté que celle de la longueur de l'opération.

§ **60.** — Appliquons, en premier lieu, notre procédé à l'équation très simple

$$\Delta_x z = \varphi(x),$$

qui a comme intégrale $z = \sum \varphi(x)$.

Posons comme équation de définition de la fonction $\varphi(x)$ $\mathrm{G}e^{au} = \varphi(x)$ et, admettons que l'intégrale est donnée par l'expression

$$z = \mathrm{G}e^{xu'},$$

en désignant par a l'accroissement fini de x nous pourrons écrire l'équation proposée sous la forme

$$\mathrm{G}e^{xu'}(e^{au'} - 1) = \mathrm{G}e^{xu},$$

dont on déduit

$$\mathrm{G}e^{xu'} = \mathrm{G}\,\frac{e^{xu}}{e^{au} - 1},$$

en effectuant la généralisation nous aurons :

$$z = \sum_a \varphi(x) = \mathrm{C} - \frac{1}{2}\,\varphi(x) + \frac{1}{\sqrt{-1}} \int_{-\infty}^{\infty} \frac{e^{2\pi\omega} + 1}{e^{2\pi\omega} - 1}\,\varphi(x + a\omega\sqrt{-1})\,d\omega,$$

formule que nous avons déjà fait connaître.

§ **61.** — Soit, en second lieu, l'équation

$$\Delta_y \Delta_x z = \varphi(x, y),$$

dont l'intégrale est : $z = \sum_u \sum_b \varphi(x, y)$.

Nous en déduirons de même, en prenant $\mathrm{G}e^{xu + yv} = \varphi(x, y)$ et $z = \mathrm{G}e^{xu' + yv'}$ l'équation symbolique

$$\mathrm{G}e^{xu' + yv'}(e^{au'} - 1)(e^{bv'} - 1) = \mathrm{G}e^{xu + yv},$$

b étant l'accroissement fini de y.

Cette relation donne

$$\mathrm{G}e^{xu'+yv'} = \frac{e^{xu+yv}}{(e^{au}-1)(e^{bv}-1)}.$$

On peut effectuer la généralisation du second membre par facteurs en remarquant que

$$\mathrm{G}\frac{e^{xu}}{1-e^{au}} = \frac{1}{2}\lambda(x, y) - \frac{1}{2\sqrt{-1}}\int_{-\infty}^{\infty}\frac{e^{2\pi\omega}+1}{e^{2\pi\omega}-1}\lambda(x+a\omega\sqrt{-1}, y)d\omega,$$

$$\lambda(x, y) = \mathrm{G}\frac{e^{yu}}{1-e^{bv}} =$$

$$= \frac{1}{2}\varphi(x, y) - \frac{1}{2\sqrt{-1}}\int_{-\infty}^{\infty}\frac{e^{2\pi\omega'}+1}{e^{2\pi\omega'}-1}\varphi(x, y+b\omega'\sqrt{-1})d\omega'.$$

Nous obtiendrons ainsi :

$$z = \sum_a\sum_b \varphi(x,y) = \left\{\begin{array}{l} \Psi(\mathrm{C},x) + \Psi_1(\mathrm{C}',y) - \\ -\dfrac{1}{4\sqrt{-1}}\displaystyle\int_{-\infty}^{\infty}\frac{e^{2\pi\omega}+1}{e^{2\pi\omega}-1}\varphi(x+a\omega\sqrt{-1}, y)d\omega, \\ -\dfrac{1}{4\sqrt{-1}}\displaystyle\int_{-\infty}^{\infty}\frac{e^{2\pi\omega'}+1}{e^{2\pi\omega'}-1}\varphi(x, y+b\omega'\sqrt{-1})d\omega', \\ -\dfrac{1}{4}\displaystyle\int_{-\infty}^{\infty}\int_{-\infty}^{\infty}\frac{e^{2\pi\omega}+1}{e^{2\pi\omega}-1}\cdot\frac{e^{2\pi\omega'}+1}{e^{2\pi\omega'}-1}\varphi(x+a\omega'\sqrt{-1}, \\ \qquad y+b\omega'\sqrt{-1})d\omega d\omega', \end{array}\right.$$

Ψ et Ψ_1 étant deux fonctions arbitraires, C une fonction périodique de y et C' une fonction périodique de x.

En suivant la même manche nous trouvons que :

$$\sum_h\cdots\sum_a\sum_b \varphi(x, y,\ldots t) = \mathrm{G}\frac{e^{xu'+yv'+\ldots+tw'}}{\left(1-e^{au'}\right)\left(1-e^{bv'}\right)\ldots\left(1-e^{hw'}\right)},$$

généralisation qu'il sera facile d'effectuer par facteurs.

§ **62.** — Proposons-nous d'intégrer l'équation

$$\underset{x}{\Delta} z + 2z = \mathrm{F}(x),$$

dont Cauchy (exercice 1827, page 209) a donné l'intégrale sous la forme

$$z = e^{\pi\left(\frac{x}{h}-1\right)\sqrt{-1}}\sum e^{-\pi\frac{x}{h}\sqrt{-1}}\mathrm{F}(x).$$

Si nous supposons le second membre nul, nous aurons d'abord à intégrer l'équation

$$\Delta_x z + 2z = 0,$$

en posant $z = \Psi(x)$ nous aurons pour déterminer cette fonction l'équation

$$\Psi(x + h) + \Psi(x) = 0,$$

la fonction Ψ est donc une fonction périodique quelconque assujettie à changer de signe, en conservant au signe près, la même valeur, quand on fait croître la variable x de la quantité h.

Pour déterminer une intégrale particulière de l'équation proposée avec second membre posons :

$$z = \text{G}e^{xu'} \qquad \text{F}(x) = \text{G}e^{xu},$$

nous pourrons écrire l'équation sous la forme symbolique

$$\text{G}e^{xu'}\left(e^{hu'} + 1\right) = \text{G}e^{xu},$$

dont on déduit

$$z = \text{G}e^{xu'} = \text{G}\,\frac{e^{xu}}{1 + e^{hu}} = \frac{1}{2}\,\text{F}(x) - \frac{1}{\sqrt{-1}}\int_{-\infty}^{\infty} \frac{\text{F}(x + hy\sqrt{-1})}{e^{\pi y} - e^{-\pi y}}\,dy,$$

nous aurons ainsi pour l'intégrale

$$z = \Psi(x) + \frac{1}{2}\,\text{F}(x) - \frac{1}{\sqrt{-1}}\int_{-\infty}^{\infty} \frac{\text{F}(x + hy\sqrt{-1})}{e^{\pi y} - e^{-\pi y}}\,dy,$$

$\Psi(x)$ étant une fonction arbitraire satisfaisant aux conditions énoncées plus haut.

§ **63.** — Le même procédé peut, dans certains cas, s'appliquer à déterminer l'intégrale d'une équation dont l'ordre de différentiation est infini.

Soit proposé d'intégrer l'équation

$$z - \frac{1}{1.2}\frac{dz}{dx} + \frac{1}{1.2.3.4}\frac{d^4 z}{dx^4} - = \text{F}(x).$$

Si nous posons

$$z = \text{G}e^{xu} \qquad \text{F}(x) = \text{G}e^{xu'},$$

nous en déduirons l'équation symbolique

$$\text{G}e^{xu}\left(1 - \frac{u^2}{1.2} + \frac{u^4}{1.2.3.4} + \ldots\right) = \text{G}e^{xu}\cos u = \text{G}e^{xu'},$$

dont nous déduirons

$$z = \text{G}e^{xu} = \text{G}\,\frac{e^{xu'}}{\cos u'},$$

et par suite, en effectuant la généralisation (formule (4) du § 32), nous aurons l'intégrale particulière

$$z = \int_0^\infty \frac{F(x-t) + F(x+t}{e^{\frac{\pi t}{2}} + e^{-\frac{\pi t}{2}}} dt,$$

Si l'on remarque que l'intégrale générale, lorsque le second membre est nul, est donnée par l'expression

$$\sum_{n=-\infty}^{n=\infty} C_n e^{\frac{2n+1}{2}\pi x},$$

nous aurons comme intégrale complète de l'équation proposée

$$z = \sum_{n=-\infty}^{n=\infty} C_n e^{\frac{2n+1}{2}\pi x} + \int_0^\infty \frac{F(x-t) + F(x+t)}{e^{\frac{\pi t}{2}} + e^{-\frac{\pi t}{2}}},$$

§ **64.** — *Soit proposé*, comme second exemple, *de déterminer l'intégrale complète de l'équation aux différentielles partielles*

(1) $$\frac{dz}{dy} + z - \frac{dz}{dx} + \frac{d^2z}{dx^2} - \frac{d^3z}{dx^3} + \ldots = 0.$$

Si nous posons

(2) $$z = Ge^{xu + yv},$$

nous aurons l'équation symbolique

$$Ge^{xu+yv}(v + 1 - u + u^2 - u^3 + \ldots) = Ge^{xu+yv}\left(v + \frac{1}{1+u}\right) = 0,$$

à laquelle on satisfait en posant

$$v + \frac{1}{1+u} = 0,$$

cette équation résolue donne

$$v = -\frac{1}{1+u} \quad \text{ou} \quad u = -1 - \frac{1}{v},$$

cette valeur de v mise dans l'identité (2) donne

$$z = Ge^{xu - \frac{y}{1+u}},$$

effectuant la généralisation (formule (7) du § **25**) nous aurons une première intégrale

$$(3) \qquad z = \Psi(x) - \frac{2}{\pi}\int_0^\infty\int_0^\infty e^{-v} \sin\frac{y}{h} \sin hv\Psi(x-v)dhdv,$$

Ψ désignant une fonction arbitraire.

La valeur de u mise dans l'égalité (2) donne

$$z = e^{-x} \mathrm{G} e^{yv - \frac{x}{v}},$$

généralisant (formule (7) du § **25**) nous obtiendrons une seconde intégrale

$$(4) \qquad z = e^{-x}\left[\varphi(y) - \frac{2}{\pi}\int_0^\infty\int_0^\infty \sin ht \sin\frac{x}{h}\, \varphi(x-t)\, dhdt\right],$$

φ désignant une nouvelle fonction arbitraire

La somme de ces deux intégrales (3) et (4) exprimera l'intégrale complète de l'équation proposée qui renferme ainsi deux fonctions arbitraires Ψ et φ.

CHAPITRE XV

CALCUL INVERSE DES INTÉGRALES DÉFINIES

§ **65**. — Nous entendons par calcul inverse des intégrales définies, le procédé à l'aide duquel on détermine une fonction qui figure sous le signe d'une intégrale dont la valeur est donnée.

Cette détermination n'est au fond que l'intégration d'une équation linéaire à coefficients constants d'un nombre infini de termes infiniment petits ; il nous sera donc possible de procéder d'une manière analogue à celle que nous avons exposée au § **59** pour obtenir une intégrale particulière d'une équation linéaire avec un second membre.

Soit $F(x, y, \ldots)$ *une fonction donnée de plusieurs variables et cherchons à déterminer la fonction* $\varphi(x, y, \ldots)$ *qui satisfait à l'équation*

$$\int_\alpha^\beta \varphi(x - T_1,\ y - T_2, \ldots)\, T dt = F(x, y, \ldots),$$

$T, T_1, T_2, \ldots$ *étant des fonctions données de* t.

Posons à cet effet

$$\varphi(x, y, \ldots) = Ge^{xu' + yv' + \cdots},$$
$$F(x, y, \ldots) = Ge^{xu + yv + \cdots},$$

nous pourrons écrire l'intégrale proposée sous la forme symbolique

$$Ge^{xu' + yv' + \cdots} \int_\alpha^\beta e^{-Tu' - Tv' - \cdots}\, T dt = Ge^{xu + yv + \cdots},$$

et par suite nous aurons

$$\varphi(x, y, \ldots) = Ge^{xu' + yv' + \cdots} = G\, \frac{e^{xu + yv + \cdots}}{\int_\alpha^\beta e^{-(T_1 u + T_2 v + \cdots)} T dt}.$$

§ **66**. — *Soit proposé de déterminer la fonction $\varphi(x)$ qui satisfait à l'intégrale*

$$\int_0^\infty e^{-pt}\,\varphi(x-qt)dt = F(x),$$

En posant $\varphi(x) = Ge^{xu'}$ et $F(x) = Ge^{xu}$ nous pourrons écrire l'intégrale proposée sous la forme

$$Ge^{xu'}\int_0^\infty e^{-(p+qu')t}dt = Ge^{xu},$$

effectuant l'intégration

$$G\frac{e^{xu'}}{p+qu'} = Ge^{xu},$$

et par conséquent

$$\varphi(x) = Ge^{xu'} = Ge^{xu}(p+qu) = pF(x) + q\,F'(x).$$

67. — *Soit proposé de déterminer la fonction $\varphi(x)$ qui satisfait à l'identité*

$$\int_0^\infty e^{-p^2t^2}\,\varphi(x+qt)dt = F(x).$$

En posant $\varphi(x) = Ge^{xu'}$ et $F(x) = Ge^{xu}$ nous aurons

$$Ge^{xu'}\int_{-\infty}^\infty e^{-p^2t^2+qu't}\,dt = Ge^{xu},$$

mais comme $\int_{-\infty}^\infty e^{-p^2t^2+qu't}\,dt = \frac{\sqrt{\pi}}{p}\,e^{\frac{q^2u'^2}{4v^2}}$ il en résultera

$$\varphi(x) = Ge^{xu'} = \frac{p}{\sqrt{\pi}}\,Ge^{xu-\frac{q^2u^2}{4p^2}} = \frac{p}{\sqrt{\pi}}\int_{-\infty}^\infty e^{-z^2}F\left(x+\frac{q}{p}z\sqrt{-1}\right)dz.$$

§ **68**. — *Soit proposé de déterminer la fonction $\varphi(x)$ qui satisfait à l'intégrale*

$$\int_0^\infty e^{-at^m}\varphi(x-bt^m)t^kdt = F(x).$$

Si nous posons $\varphi(x) = Ge^{xu'}$ et $F(x) = Ge^{xu}$ nous pourrons écrire l'intégrale sous la forme

$$\mathrm{G}e^{xu'}\int_0^\infty e^{-(a+bu)t^m}t^k dt = \mathrm{G}e^{xu},$$

en effectuant l'intégration nous aurons

$$\int_0^\infty e^{-(a+bu)t^m}t^k\,dt = \frac{\Gamma\left(\frac{k+1}{m}\right)}{m(a+bu)^{\frac{k+1}{m}}}$$

et par suite

$$\mathrm{G}e^{xu'} = \varphi(x) = \frac{m}{\Gamma\left(\frac{k+1}{m}\right)}\,\mathrm{G}e^{xu}(a+bu)^{\frac{k+1}{m}}.$$

En supposant $a = o$ dans l'équation proposée nous aurons pour la valeur de $\varphi(x)$ qui satisfait à l'équation

$$\int_0^\infty \varphi(x - bt^m)t^k dt = \mathrm{F}(x),$$

l'expression

$$\varphi(x) = \frac{mb^{\frac{k+1}{m}}}{\Gamma\left(\frac{k+1}{m}\right)}\,\frac{d^{\frac{k+1}{m}}}{dx^{\frac{k+1}{m}}}\,\mathrm{F}(x).$$

§ 69. — Le même procédé peut s'appliquer aux intégrales multiples. *Soit proposé de déterminer la fonction $\varphi(x, y)$ qui satisfait à l'équation*

$$\int_{-\infty}^\infty\int_{-\infty}^\infty \varphi(x-t,\, y-z)e^{-at^2-bz^2}dz dt = \mathrm{F}(x, y).$$

si nous posons $\varphi(x, y) = \mathrm{G}e^{xu'+yv'}$ et $\mathrm{F}(x, y) = \mathrm{G}e^{xu+yv}$ nous pourrons écrire l'équation sous la forme

$$\mathrm{G}e^{xu'+yv'}\int_{-\infty}^\infty\int_{-\infty}^\infty e^{-u't-v'z-at^2-bz^2}dz dt = \mathrm{G}e^{xu+yv},$$

mais comme $\displaystyle\int_{-\infty}^\infty e^{-u't-at^2}dt = \sqrt{\frac{\pi}{a}}\,e^{\frac{u'^2}{4a}}$ et

$$\int_{-\infty}^\infty e^{-v'z-bz^2}dz = \sqrt{\frac{\pi}{b}}\,e^{\frac{v'^2}{4b}},$$

nous aurons

$$F(x, y) = \frac{\sqrt{ab}}{\pi} G e^{xu - \frac{u^2}{4a} + yv - \frac{v^2}{4b}} =$$

$$= \frac{\sqrt{ab}}{\pi} \int_{-\infty}^{\infty} \int_{-\infty}^{\infty} e^{-\omega^2 - \omega'^2} F\left(x + \frac{\omega}{\sqrt{a}} \sqrt{-1}, y + \frac{\omega'}{\sqrt{b}} \sqrt{-1}\right) d\omega d\omega'.$$

Problème. — *Déterminer la relation qui existe entre les fonctions $F(x)$ et $\varphi(x)$ de sorte que l'on ait :*

$$\int_a^b F(x + T) T_1 dt = \int_{a'}^{b'} \varphi(x + Z) Z_1 dz,$$

T et T_1 étant des fonctions de t, et, Z et Z_1 des fonctions de z données.

Posons

$$F(x) = Ge^{xu'} \qquad \varphi(x) = Ge^{xu},$$

nous aurons

$$Ge^{xu'} \int_a^b e^{Tu'} T_1 dt = Ge^{xu} \int_{a'}^{b'} e^{Zu} Z_1 dz,$$

dont on déduit

$$F(x) = Ge^{xu} \frac{\int_{a'}^{b'} e^{Zu} Z_1 dz}{\int_a^b e^{Tu} T_1 dt}.$$

C'est ainsi que la relation

$$\int_0^{\infty} F(x - t) \sin at dt = \int_0^{\infty} \varphi(x - z) \cos bz dz,$$

établit la relation

$$F(x) = \frac{1}{a} \varphi'(x) + \frac{a^2 - b^2}{2a\sqrt{-1}} \int_0^{\infty} e^{-bv} \left\{ \varphi'(x - v\sqrt{-1}) - \varphi'(x + v\sqrt{-1}) \right\} dv.$$

CHAPITRE XVI

INTÉGRATION DES ÉQUATIONS LINÉAIRES DIFFÉRENTIELLES OU AUX DIFFÉRENCES A COEFFICIENTS CONSTANTS

§ **70.** — Les équations différentielles linéaires à coefficients constants sont de la forme

$$(1)\qquad \frac{d^n z}{dx^n} + p\frac{d^{n-1}z}{dx^{n-1}} + \dots + k\frac{dz}{dx} + hz = \varphi(x).$$

Lorsque nous suppposons le second membre nul, en posant $z = \mathrm{G}ze^{xu}$, nous obtenons :

$$\mathrm{G}e^{xu}\left(u^n + pu^{n-1} + \dots + ku + h\right) = o,$$

équation qui est satisfaite en déterminant u à l'aide de l'équation caractéristique

$$(2)\qquad \mathrm{F}(u) = u^n + pu^{n-1} + \dots + ku + h = o,$$

si donc nous représentons par $m_1, m_2, \dots m_n$ les n racines de cette équation nous aurons :

$$\mathrm{Z} = \mathrm{G}e^{m_p x} = \mathrm{C}_p e^{m_p x},$$

et par conséquent

$$\mathrm{Z} = \sum_{p=1}^{p=n} \mathrm{C}_p e^{m_p x}.$$

Nous sommes ainsi conduit à la méthode ordinaire pour l'intégration de l'équation proposée lorsque le second membre est nul.

Lorsque le second membre est une fonction de la variable, nous obtiendrons une intégrale particulière de l'équation (1), si, prenant $\mathrm{G}e^{xu'} = \varphi(x)$ comme équation de définition, nous posons $z = \mathrm{G}e^{xu}$, nous aurons

$$\mathrm{G}e^{xu}\left(u^n + pu^{n-1} + \dots + ku + h\right) = \mathrm{G}e^{xu'},$$

égalité qui donne comme intégrale particulière

$$z = \mathrm{G}e^{xu} = \mathrm{G}\frac{e^{xu'}}{u'^n + pu'^{n-1} + \ldots + \mathrm{K}u' + h} = \mathrm{G}\frac{e^{xu'}}{\mathrm{F}(u')},$$

Plusieurs procédés se présentent pour opérer cette généralisation.

Si l'on désigne par V l'intégrale de l'équation proposée privée de son second membre nous aurons à l'aide de la formule (8) du § **9**

$$= \mathrm{V} + \frac{1}{4\pi}\int_{-\infty}^{\infty}\int_{-\infty}^{\infty}\frac{\varphi(x+y\sqrt{-1})}{\mathrm{F}(v)}\,e^{-yv\sqrt{-1}}dvdy.$$

En second lieu, si nous désignons par m_1, m_2,...m_n le n racines de l'équation (2) nous pourrons poser

$$\frac{1}{\mathrm{F}(u')} = \frac{1}{(u'-m_1)(u'-m_2)\ldots(u'-m_n)},$$

et la généralisation par facteurs donnera pour la valeur de z

$$z = \mathrm{V} + \frac{1}{p}\int_0^{\infty}\int_0^{\infty}\cdots\int_0^{\infty}e^{-v-w-\ldots-s}\varphi\left(x+\frac{v}{m_1}+\frac{w}{m_2}+\ldots+\frac{m_s}{n}\right)dvdw\ldots ds.$$

On pourrait encore poser

$$\frac{e^{xu'}}{(u'-m_1)(u'-m_2)\ldots(u'-m_n)} =$$

$$= \frac{1}{\mathrm{F}'(m_1)}\frac{e^{xu'}}{u'-m_1} + \frac{1}{\mathrm{F}'(m_2)}\frac{e^{xu'}}{u'-m_2} + \ldots + \frac{1}{\mathrm{F}'(m_n)}\frac{e^{xu'}}{u'-m_n},$$

et en déduire

$$\mathrm{Z} = \mathrm{V} - \int_0^{\infty}\left[\frac{e^{m_1v}}{\mathrm{F}'(m_1)} + \frac{e^{m_2v}}{\mathrm{F}'(m_2)} + \ldots + \frac{e^{m_nv}}{\mathrm{F}'(m_n)}\right]\varphi(x+v)dv.$$

Il est facile de comprendre de quelle manière il faudra modifier ces valeurs de z dans le cas où les racines sont égales ou imaginaires.

§ **71.** — Considérons, comme exemple, l'équation différentielle linéaire du second ordre

$$(1) \qquad \frac{d^2z}{dx^2} + a\frac{dz}{dx} + bz = \varphi(x).$$

En supposant le second membre nul, nous aurons comme intégrale de l'équation

$$\frac{d^2z}{dx^2} + a\frac{dz}{dx} + bz = 0,$$

les expressions suivantes

1° $z = Ce^{-\frac{ax}{2} + \frac{x}{2}\sqrt{a^2 - 4b}} + C_1 e^{-\frac{ax}{2} - \frac{x}{2}\sqrt{a^2 - 4b}}$ (si $a^2 > 4b$),

2° $z = (C + C_1 x)e^{-\frac{ax}{2}}$ (si $a^2 = 4b$),

3° $z = e^{-\frac{ax}{2}} \left\{ C \cos \frac{x}{2}\sqrt{4b - a^2} + C_1 \sin \frac{x}{2}\sqrt{4b - a^2} \right.$ (si $a^2 < 4b$).

En supposant le second membre une fonction de x posons :

$$z = Ge^{xu'} \quad \varphi(x) = Ge^{xu},$$

il en résultera l'équation symbolique :

$$Ge^{xu'}(u'^2 + au' + b) = Ge^{xu},$$

dont on déduit :

$$z = Ge^{xu'} = G\frac{e^{xu}}{u^2 + au + b}.$$

1° Si nous supposons $a^2 > 4b$ cette intégrale particulière se réduira à :

$$\frac{1}{\sqrt{a^2 - 4b}}\int_0^\infty e^{-\frac{at}{2}} \left\{ e^{\frac{t}{2}\sqrt{a^2 - 4b}} - e^{\frac{t}{2}\sqrt{a^2 - 4b}} \right\} \varphi(x - t)dt,$$

par suite l'intégrale complète de l'équation (1) sera exprimée dans ce cas par :

$$(2)\quad \left\{ \begin{array}{l} z = e^{-\frac{ax}{2}} \left\{ Ce^{\frac{x}{2}\sqrt{a^2 - 4b}} + C_1 e^{-\frac{x}{2}\sqrt{a^2 - 4b}} \right\} + \\ + \frac{1}{\sqrt{a^2 - 4b}}\int_0^\infty \left\{ e^{\frac{t}{2}\sqrt{a^2 - 4b}} - e^{-\frac{t}{2}\sqrt{a^2 - 4b}} \right\} e^{-\frac{at}{2}} \varphi(x - t)dt. \end{array} \right.$$

2° Si nous supposons $a^2 = 4b$ cette intégrale particulière se réduira à :

$$\int_0^\infty te^{-\frac{at}{2}} \varphi(x - t)dt,$$

par suite l'intégrale complète de l'équation sera exprimée par :

$$(3)\quad z = (C + C_1 x)e^{-\frac{ax}{2}} + \int_0^\infty te^{-\frac{at}{2}} \varphi(x - t)dt.$$

3° Enfin, si nous supposons que $a^2 < 4b$ nous aurons comme intégrale particulière :

$$\frac{2}{\sqrt{4b-a^2}}\int_0^{\infty} e^{-\frac{at}{2}} \sin \frac{t}{2}\sqrt{4b-a^2}\, \varphi(x-t)dt,$$

et comme l'intégrale complète :

$$(4) \quad \left\{ \begin{aligned} z = e^{-\frac{ax}{2}} \Big\{ \mathrm{C} \cos \frac{x}{2}\sqrt{4b-a^2} + \mathrm{C}_1 \sin \frac{x}{2}\sqrt{4b-a^2} + \\ + \frac{2}{\sqrt{4b-a^2}}\int_0^{\infty} e^{-\frac{at}{2}} \sin \frac{t}{2}\sqrt{4b-a^2}\, \varphi(x-t)dt. \end{aligned} \right.$$

Si l'on prend comme équation différentielle :

$$\frac{d^2z}{dx^2} + z = \cos x,$$

nous obtiendrons, pour son intégrale, à l'aide de la formule (4),

$$z = \mathrm{C} \sin x + \mathrm{C}_1 \cos x + \int_0^{\infty} \sin t\, \varphi(x-t)dt$$

formule dans laquelle il faut poser $\varphi(x) = \cos x$.

Dans son cours d'analyse *Sturm* donne comme intégrale de cette équation :

$$z = \mathrm{C} \sin x + \mathrm{C}_1 \cos x + \frac{x \sin x}{2},$$

on peut, par la comparaison de ces deux valeurs de z, établir la relation :

$$\int_0^{\infty} \sin t\, \varphi(x-t)dt = \frac{x \sin x}{2},$$

il serait peut-être difficile, en posant $\varphi(x) = \cos x$, d'obtenir la vérification de cette intégrale, mais on peut facilement y parvenir par le procédé du calcul inverse des intégrales dont il a été question plus haut.

Proposons-nous donc de déterminer quelle doit être la fonction φ pour que l'intégrale précédente soit vérifiée ?

En posant :

$$\varphi(x) = \mathrm{G}e^{xu'} \qquad \frac{x \sin x}{2} = \mathrm{F}(x) = \mathrm{G}e^{xu},$$

nous aurons l'égalité symbolique :

$$Ge^{xu'}\int_0^{\infty} e^{-u't}\sin t dt = Ge^{xu},$$

mais comme

$$\int_0^{\infty} e^{-u't}\sin t dt = \frac{1}{1+u'^2},$$

il en résultera la relation $G\frac{e^{xu'}}{1+e^{u'^2}} = Ge^{xu}$ dont on déduit :

$$Ge^{xu'} = Ge^{xu} + Gu^2e^{xu},$$

généralisant, nous obtiendrons $\varphi(x) = F(x) + F''(x)$ et en remplaçant $F(x)$ par sa valeur il en résultera :

$$\varphi(x) = \cos x.$$

§ 72. — Soit $F(x)$ une fonction quelconque de x et nous proposons de déterminer la valeur de la fonction $\Psi(x)$ qui satisfait à l'équation

(1) $\Psi(x) + a\Psi(x-1) + b\Psi(x-2) + \ldots + k\Psi(x-n) = F(x).$

Posons, à cet effet, dans cette équation

$$\Psi(x) = Ge^{xu'} \qquad F(x) = Ge^{xu},$$

nous pourrons l'écrire sous la forme

$$Ge^{xu'}(1 + ae^{-u'} + be^{-2u'} + \ldots + ke^{-nu'}) = Ge^{xu},$$

et en posant pour abréger

(2) $F_1(u) = e^{nu} + ae^{(n-1)u} + be^{(n-2)u} + \ldots + k,$

il en résultera

$$Ge^{xu'} = \Psi(x) = G\frac{e^{(x+n)n}}{F_1(u)} =$$

$$= \frac{1}{4\pi}\int_{-\infty}^{\infty}\int_{-\infty}^{\infty}\frac{F(x+n+y\sqrt{-1})}{F_1(v)}e^{-yv\sqrt{-1}}dydv.$$

On peut effectuer la généralisation sous une autre forme.

Soient m_1, m_2, m_n les n racines de l'équation

$$m^n + am^{n-1} + bm^{n-2} + \ldots + k = 0,$$

nous pourrons écrire

$$\Psi(x) = \mathrm{G}\,\frac{e^{(x+n)u}}{\mathrm{F}_1(u)} = \mathrm{G}e^{xu}\,\frac{e^u}{e^u - m_1}\cdot\frac{e^u}{e^u - m_2}\cdots\cdots\frac{e^u}{e^u - m_n},$$

la valeur de l'expression

$$\mathrm{G}\,\frac{e^u}{e^u - m} = \sum_{n=0}^{n=\infty} m^n\,\mathrm{F}(x-n),$$

nous permettra d'exprimer la valeur de $\Psi(x)$ à l'aide de la généralisation par facteurs.

§ **73.** — Le même procédé d'intégration peut s'appliquer à l'équation aux différences finies.

Soit l'équation

$$\Delta^n z + a\Delta^{n-1}z + b\Delta^{n-2}z + \ldots \qquad + k\Delta z + lz = \mathrm{F}(x).$$

Lorsque le second membre est nul, en posant $z = \mathrm{G}e^{xu}$ nous obtiendrons la relation

$$\mathrm{G}e^{xu}\left\{(e^{hu}-1)^n + a(e^{hu}-1)^{n-1} + \ldots + k(e^{hu}-1) + l\right\} = 0,$$

en remplaçant $e^{hu} - 1$ par M nous satisferons à cette équation en posant

$$\mathrm{M}^n + a\mathrm{M}^{n-1} + b\mathrm{M}^{n-1} + \ldots + k\mathrm{M} + l = 0,$$

soient $\mathrm{M}_1\mathrm{M}_2\ldots\mathrm{M}_r\ldots\mathrm{M}_n$ les n racines de cette équation nous aurons

$$e^{hu} - 1 = \mathrm{M}_r,$$

et par conséquent $e^u = (1 + \mathrm{M}_r)^{\frac{1}{h}}$. Cette valeur mise dans l'expression de z donnera

$$z = \mathrm{G}e^{xu} = (1 + \mathrm{M}_r)^{\frac{x}{h}}.$$

L'intégrale de l'équation proposée, lorsque le second membre est nul, sera exprimée par

$$z = \sum_{r=1}^{r=n} \mathrm{C}_r(1 + \mathrm{M}_r)^{\frac{x}{h}}.$$

Lorsque le second membre est une fonction de x, il suffira d'ajouter à cette somme l'intégrale particulière que nous déterminerons ainsi qu'il a été indiqué au § **59.**

§ **74.** — *Soit proposé de déterminer la fonction $\Psi(x)$ qui satisfait à l'équation*

$$\Psi(x + a) + \Psi(x - a) = \mathrm{F}(x).$$

Pour déterminer l'intégrale particulière qui satisfait à cette équation avec son second membre posons :

$$\Psi(x) = \mathrm{G}e^{xu'} \qquad \mathrm{F}(x) = \mathrm{G}e^{xu},$$

nous aurons en substituant ces valeurs dans l'équation proposée

$$\mathrm{G}e^{xu'}\left(e^{au'} + e^{-au'}\right) = \mathrm{G}e^{xu},$$

par suite, nous en déduirons

$$\mathrm{G}e^{xu'} = \mathrm{G}\,\frac{e^{xu}}{e^{au} + e^{-au}},$$

effectuant la généralisation, nous aurons comme intégrale particulière

$$\Psi(x) = \int_{-\infty}^{\infty} \frac{\mathrm{F}(x + 2ay\sqrt{-1})}{e^{\pi y} + e^{-\pi y}}\,dy = \sum_{n=0}^{n=\infty} (-1)^n \mathrm{F}(x + (2n+1)a).$$

Pour obtenir la valeur complète qui satisfait à l'équation proposée, il faut ajouter à cette valeur l'intégrale de l'équation sans second membre, valeur qui est exprimée, comme il est facile de le reconnaître, par

$$\sum_{m=0}^{m=2a-1} \mathrm{C}_m\left(\cos\frac{m\pi x}{a} + \sin\frac{m\pi x}{a}\sqrt{-1}\right).$$

§ **73.** — *Soit proposé d'intégrer l'équation aux différences*

(1) $$\varphi(x, y) - \varphi(x-1, y) - \varphi(x-1, y-1) = \mathrm{F}(x, y).$$

Cette équation, réduite à la forme

(2) $$\varphi(x, y) - \varphi(x-1, y) - \varphi(x-1, y-1) = 0,$$

lorsqu'on y suppose le second membre nul, a été considérée par Lacroix (calcul diff. et int. § 1095) qui a été conduit, par un calcul assez simple, à reconnaître que son intégrale était donnée par la formule

$$\varphi(x, y) = \sum\nolimits^{y} \Psi(x).$$

On vérifie facilement que cette expression satisfait en effet à l'équation (2) ; mais, outre qu'elle est d'une forme peu commode en représente-elle réellement l'intégrale complète ?

Nous allons reconnaître que notre méthode, basée sur le calcul de généralisation, conduit à une solution plus complète de cette question.

Si nous posons

$$\varphi(x, y) = \mathrm{G}e^{xu + yv},$$

nous transformerons l'équation (2) dans l'équation

$$\mathrm{G}e^{xu + yv}(1 - e^{-u} - e^{-u-v}) = 0,$$

à laquelle on satisfait en établissant, entre les variables de généralisation, la relation

$$1 - e^{-u} - e^{-u-v} = 0.$$

En résolvant cette équation par rapport à e^u et e^v nous obtiendrons

$$e^u = 1 + e^{-v}, \tag{3}$$

$$e^v = \frac{1}{e^u - 1}, \tag{4}$$

la valeur de e^u mise dans l'expression de z donne

$$\varphi(x, y) = \mathrm{G}e^{yv}(1 + e^{-v})^x,$$

effectuant la généralisation, nous aurons une première intégrale

$$(5) \quad \left\{ \begin{aligned} \varphi(x, y) &= \Psi(y) + x\Psi(y - 1) + \frac{x(x-1)}{1.2}\Psi(y - 2) + \ldots = \\ &= \sum_{n=0}^{n=\infty} \frac{x(x-1)\ldots(x-n+1)}{1.2.3\ldots n}\Psi(y - n). \end{aligned} \right.$$

L'expression de e^v, donnée par la formule (4), mise dans l'expression de z donnera

$$\varphi(x, y) = \mathrm{G}e^{xu}(e^u - 1)^{-y},$$

et en effectuant la généralisation nous obtiendrons

$$(6) \quad \left\{ \begin{aligned} \varphi(x,y) &= \theta(x-y) + y\theta(x - y - 1) + \frac{y(y+1)}{1.2}\theta(x - y - 2) + \ldots = \\ &= \sum_{n=0}^{n=\infty} \frac{y(y+1)\ldots(y+n-1)}{1.2\ldots n}\theta(x - y - n), \end{aligned} \right.$$

dans ces intégrales Ψ et θ désignent des fonctions arbitraires.

L'équation (2) étant linéaire, on y satisfera en faisant la somme de ces deux intégrales, comme d'ailleurs il ne peut être établi entre les variables de généralisation d'autre relation que celles qui sont données par les formules (3) et (4) nous devons admettre que la somme des expressions (5) et (6), si réellement elles représentent des fonctions arbitraires différentes, donne l'intégrale complète de l'équation (2).

Pour obtenir l'intégrale de l'équation proposée avec son second membre nous poserons

$$\varphi(x, y) = \mathrm{G}e^{xu + yv} \qquad \mathrm{F}(x, y) = \mathrm{G}e^{xu' + yv'},$$

ce qui permettra d'écrire l'équation sous la forme.

$$\mathrm{G}e^{xu + yv}(1 - e^{-u} - e^{-u-v}) = \mathrm{G}e^{xu' + vy'},$$

nous en déduirons :

$$\varphi(x, y) = \mathrm{G}e^{xu + yv} =$$

$$= \mathrm{G}\frac{e^{xu' + yv'}}{1 - e^{-u} - e^{-u-v}} = \int_{-\infty}^{\infty} e^{-\omega}d\omega \mathrm{G}e^{xu' + yv' + \omega e^{-v'}(1 + e^{-v'})},$$

développant l'exponentielle et généralisant nous obtiendrons :

$$(7) \quad \left\{ \begin{aligned} \varphi(x, y) = \sum_{n=0}^{n=\infty} \mathrm{F}(x - n, y) + n\mathrm{F}(x - n, y - 1) + \\ + \frac{n(n-1)}{1.2}\mathrm{F}(x - n, y - 2) + \ldots \end{aligned} \right.$$

Par conséquent, l'intégrale complète de l'équation (1) sera exprimée par la somme des intégrales (5), (6) et (7) et renfermera deux fonctions arbitraires.

§ **76**. — *Soit proposé de déterminer la fonction $\varphi(x,y)$ qui satisfait à l'équation aux différences*

$$(1) \qquad \varphi(x + p, y + q) - a\varphi(x, y) = \mathrm{F}(x, y),$$

en supposant le second membre nul, nous aurons :

$$(2) \qquad \varphi(x + p, y + q) - a\varphi(x, y) = 0,$$

et en posant :

$$(3) \qquad \varphi(x, y) = \mathrm{G}e^{xu + yv},$$

nous obtiendrons l'équation symbolique :

$$\mathrm{G}e^{xu + yv}(e^{pu + qv} - a) = 0,$$

dont on déduit :

$$e^u = \sqrt[p]{a}e^{-\frac{q}{p}v} \qquad e^v = \sqrt[q]{a}e^{-\frac{p}{q}u}$$

en remplaçant dans l'expression (3) e^{xu} par cette valeur il en résultera :

$$\varphi(x, y) = \mathrm{G}e^{xu + yv} = \mathrm{G}(\sqrt[p]{a})^x e^{\left(y - \frac{q}{p}x\right)v} = (\sqrt[p]{a})^x \Psi\left(y - \frac{q}{p}x\right),$$

Ψ désignant une fonction arbitraire.

Si l'on considère les p racines de $\sqrt[p]{a}$ et si nous faisons la somme de ces p intégrales nous aurons :

$$\varphi(x, y) = \sum_{n=0}^{n=p-1} a^{\frac{x}{p}} e^{\frac{2n\pi x}{p}\sqrt{-1}} \Psi_n\left(y - \frac{q}{p}x\right),$$

intégrale de l'équation (2) qui renferme p fonctions arbitraires :

$$\Psi_0, \Psi_1, \Psi_2, \ldots \Psi_{(p-1)},$$

Il est facile de reconnaître que toutes ces intégrales sont différentes entre elles. En effet, si deux intégrales répondant à deux valeurs différentes de n, n et n' étaient équivalentes nous aurions :

$$a^{\frac{x}{p}} e^{\frac{2n\pi x}{p}\sqrt{-1}} \Psi_n\left(y - \frac{q}{p}x\right) = a^{\frac{x}{p}} e^{\frac{2n'\pi x}{p}} \Psi_{n'}\left(y - \frac{q}{p}x\right),$$

dont on déduirait :

$$\frac{\Psi_n\left(y - \frac{q}{p}x\right)}{\Psi_{n'}\left(y - \frac{q}{p}x\right)} = e^{\frac{2(n'-n)\pi x}{p}\sqrt{-1}}$$

relation qu'on ne peut admettre, car il en résulterait qu'une fonction arbitraire de $\left(y - \frac{q}{p}x\right)$ serait équivalente à une fonction de x.

De même, en remplaçant dans l'expression (3) e^v par sa valeur nous obtiendrons :

$$\varphi(x, y) = \sum_{n=0}^{n=q-1} a^{\frac{y}{q}} e^{\frac{2n\pi y}{q}\sqrt{-1}} \theta_n\left(x - \frac{p}{q}y\right), \tag{5}$$

formule qui renferme q fonctions arbitraires θ_0, θ_1, θ_2, θ_{q-1} différentes entre elles.

Pour reconnaître les intégrales qui, renfermées dans cette dernière formule, sont égales ou différentes de celles qui sont exprimées par la formule (4) posons :

$$a^{\frac{x}{p}} e^{\frac{2n\pi x}{p}\sqrt{-1}} \Psi_n\left(y - \frac{q}{p}x\right) = a^{\frac{y}{q}} e^{\frac{2n'\pi x}{q}\sqrt{-1}} \theta_n\left(x - \frac{p}{q}y\right),$$

relation que l'on mettra sous la forme :

$$\Psi_n\left(y - \frac{q}{p}x\right) = a^{\frac{1}{q}\left(y - \frac{q}{p}x\right)} e^{\frac{2\pi n'}{q}\left(y - \frac{q}{p}\frac{n}{n'}x\right)\sqrt{-1}} \theta_n\left(-\frac{p}{q}\left(y - \frac{q}{p}x\right)\right).$$

Si l'on remarque que le premier membre de cette formule est une fonction de $y - \frac{q}{p} x$ l'équivalence des deux nombres ne peut substituer que si le second membre est également une fonction de cette même valeur $y - \frac{p}{q} x$ ce qui ne peut avoir lieu que si $n = n'$ et a toujours lieu si cette condition est remplie.

Il résulte de là que si $p = q$ les deux sommes d'intégrales, données par les formules (4) et (5), sont identiques, et, par suite, l'équation (2) admet p fonctions arbitraires différentes, dans son intégrale complète, données par l'une ou l'autre des formules (4) ou (5). Mais si $p > q$ l'équation (2) admettra p fonctions arbitraires, données par la formule (4) ; si au contraire $p < q$, l'intégrale complète de l'équation (2) admettra q fonctions arbitraires données par la formule (5).

Pour obtenir l'intégrale de l'équation (1) avec le second membre nous déterminerons une intégrale particulière de cette équation en posant :

$$\varphi(x, y) = \mathrm{G}e^{xu + yv} \qquad \mathrm{F}(x, y) = \mathrm{G}e^{xu' + yv'},$$

nous aurons ainsi l'équation symbolique

$$\mathrm{G}e^{xu + yv}\left(e^{pu + qv} - a\right) = \mathrm{G}e^{xu' + yv'},$$

dont on déduit :

$$\varphi(x, y) = \mathrm{G}e^{xu + yv} = -\frac{1}{a}\mathrm{G}\frac{e^{xu' + yv'}}{1 - \frac{1}{a}e^{pu' + qv'}}.$$

Pour effectuer la généralisation, nous développerons le second membre en série en écrivant :

$$\frac{1}{1 - \frac{1}{a}e^{pu' + qv'}} =$$

$$= 1 + \frac{1}{a}e^{pu' + qv'} + \frac{1}{a^2}e^{2pu' + 2qv'} + \ldots + \frac{1}{a^n}e^{npu' + nqv'} + \ldots$$

il en résultera en généralisant

$$\varphi(x, y) = -\frac{1}{a}\left\{\mathrm{F}(x, y) + \frac{1}{a}\mathrm{F}(x+p, y+q) + \ldots + \frac{1}{a^n}\mathrm{F}(x+np, y+nq)\right\} + \ldots$$

que nous pouvons écrire

$$(6) \qquad \varphi(x, y) = -\sum_{n=0}^{n=\infty}\frac{1}{a^{n+1}}\mathrm{F}(x + np, y + nq),$$

nous aurons ainsi pour l'intégrale complète de l'équation proposée si $q <$ ou

$= p$ la somme des intégrales (4) et (6) mais si $q > p$ la somme des intégrale (5) et (6).

Remarque *a*). — Si l'on avait à déterminer l'intégrale particulière lorsque le second membre de l'équation (1) est seulement fonction de l'une des deux variables, de sorte que l'on ait par exemple

$$\varphi(x + p, y + q) - a\,\varphi(x, y) = F(x),$$

il suffirait d'écrire comme intégrale particulière

$$\varphi(x, y) = -\sum_{n=0}^{n=\infty} \frac{F(x + np)}{a^{n+1}}.$$

En effet, en supposant le second membre égal à $F(x)F_1(y)$ nous aurons comme intégrale à l'aide de la formule (6)

$$\varphi(x, y) = -\sum_{n=0}^{n=\infty} \frac{F(x + np)F_1(y + nq)}{a^{n+1}}.$$

Puis en supposant $F_1(y) = 1$ il en résultera la valeur indiquée plus haut.

b) Si le second membre était une quantité constante de sorte qu'on ait :

$$\varphi(x + p, y + q) - a\varphi(x, y) = b,$$

il faudrait distinguer deux cas selon que a a une valeur différente de l'unité ou qu'il est égal à l'unité.

Dans le premier cas, l'intégrale particulière est indépendante de x et de y, c'est-à-dire une constante.

Posons donc $\varphi(x, y) = C$; en mettant cette valeur dans l'équation proposée il en résultera

$$C - aC = b \text{ ou } C = \frac{b}{1 - a}.$$

Dans le second cas l'équation prend la forme

$$\varphi(x + p, y + q) - \varphi(x, y) = b.$$

Pour obtenir l'intégrale particulière, désignons par λ le plus grand commun diviseur entre p et q, lorsque ces nombres ne sont pas premiers entre eux, de sorte que l'on ait $p = \lambda p'$ et $q = \lambda q'$; cela posé, nous pourrons toujours déterminer des valeurs pour m et n de sorte que

$$p'm - q'n = 1,$$

et, par conséquent, nous aurons une intégrale particulière de l'équation en posant

$$\varphi(x, y) = \frac{b}{\lambda}(mx - ny),$$

comme il est facile de le reconnaître en substituant cette valeur dans l'équation.

§ **77.** — *Soit proposé de déterminer la valeur de la fonction $\varphi(x, y)$ qui satisfait à l'équation aux différentielles partielles*

$$(1) \qquad \varphi(x, y) = p\varphi(x, y-1) + q\varphi(x-1, y),$$

avec la condition que, pour $x = 0$, on ait $\varphi(0, y) = 1$ pour toutes les valeurs de y *comprises entre* o *et* y.

Cette question revient à résoudre le problème suivant dont la solution a été donnée par Laplace (calcul des probabilités).

Deux joueurs dont les forces respectives sont de p et q ont, l'un x points et l'autre y points à faire pour gagner la partie ; on demande la probabilité $\varphi(x, y)$ que le premier gagnera ?

En posant

$$(2) \qquad \varphi(x, y) = \mathrm{G}e^{xu+yv},$$

nous aurons la relation

$$\mathrm{G}e^{xu+yv}(1 - pe^{-v} - qe^{-u}) = 0,$$

qui établit entre u et v la relation

$$1 - pe^{-v} - qe^{-v} = 0,$$

on en déduit la valeur e^u

$$e^u = \frac{q}{1 - pe^{-v}},$$

et par suite à l'aide de l'identité (2)

$$\mathrm{G}e^{xu+yv} = q^x\mathrm{G}\,\frac{e^{yv}}{(1 - pe^{-v})^x}.$$

Pour effectuer la généralisation, nous développerons $(1 - pe^{-v})^{-x}$ par la formule du binome et nous aurons ainsi :

$$\varphi(x, y) = q^x \Big\{ \Psi(y) + xp\Psi(y-1) +$$
$$+ \frac{x(x+1)}{1.2}p^2\,\Psi(y-2) + \ldots + \frac{x(x+1)\ldots(x+k-1)}{1.2\ldots k}p^k\Psi(y-k) + \ldots \Big\},$$

$\Psi(y)$ étant une fonction arbitraire qui doit être déterminée par les conditions auxquelles la fonction $\varphi(x, y)$ doit satisfaire.

Nous aurons à l'aide de cette intégrale

$$\Psi(y) = 1 \quad \Psi(y-1) = 1 \quad \Psi(y-2) = 1 \quad \text{et} \quad \Psi(y-k) = 1,$$

k étant inférieur à y.

Nous pourrons donc écrire comme solution du problème

$$\varphi(x, y) = q^x \Big\{ 1 + xp + \frac{x(x+1)}{1.2}p^2 + \ldots + \frac{x(x+1)\ldots x+y-2}{1.2\ldots(y-1)}p^{y+1} \Big\},$$

ce résultat, obtenu par la méthode de généralisation, ne diffère pas de celui qui a été donné par Laplace qui a traité cette question à l'aide des fonctions généralisatrices.

CHAPITRE XVII

—

INTÉGRATION DES EQUATIONS LINÉAIRES AUX DIFFÉRENTIELLES OU AUX DIFFÉRENCES PARTIELLES A COEFFICIENTS CONSTANTS

§ 78. — Soit proposé l'équation linéaire à coefficients constants dans laquelle la variable principale z est une fonction de deux variables indépendantes t et s, équation que nous pourrons écrire sous la forme :

$$(1)\left\{\begin{aligned} &a\frac{d^m z}{dt^m}+b\frac{d^m z}{dt^{m-1}ds}+\ldots+k\frac{d^m z}{ds^m}+a_1\frac{d^{m-1}z}{dt^{m-1}}+b_1\frac{d^{m-1}z}{dt^{m-2}ds}+\ldots\\ &\ldots+k_1\frac{d^{m-1}z}{ds^{m-1}}+\ldots+a_{m-1}\frac{dz}{dt}+b_{m-1}\frac{dz}{ds}+a_m z=0,\end{aligned}\right.$$

z étant une fonction de deux variables posons

$$(2)\qquad z = \mathrm{G}e^{su+tv},$$

cette valeur mise dans l'équation donnera

$$\mathrm{G}e^{su+tv}\left\{av^m+(a_1+bu)v^{m-1}+(a_2+b_1u+cu^2)v^{m-2}+\ldots+a_m\right\}=0,$$

équation qui est satisfaite si nous établissons entre u et v l'équation caractéristique

$$(3)\quad av^m+(a_1+bu)v^{m-1}+(a_2+b_1u+cu^2)v^{m-1}+\ldots+a_m=0.$$

Si maintenant on détermine toutes les valeurs de u en fonction de v ainsi que toutes les valeurs de v en fonction de u qui satisfont à cette équation, il en résultera qu'en substituant ces valeurs dans l'expression (2) nous aurons autant d'expressions pour z qui, généralisées, donneront autant d'intégrales de l'équation proposée chacune renfermant une fonction arbitraire.

Comme l'équation est linéaire, la somme de ces intégrales différentes entre elles représentera l'intégrale complète de l'équation (1).

Faisons remarquer que, de même qu'à chaque équation différentielle proposée répond une équation entre les variables de généralisation, réciproquement, à chaque équation entre les variables de généralisation, satisfaisant à l'équation caractéristique, correspondra une équation différentielle qu'il est toujours facile d'en déduire.

Nous pouvons conclure de là que, si l'équation caractéristique est décomposable dans le produit de plusieurs facteurs, à chaque facteur répondra une équation différentielle d'un ordre moins élevé que dans l'équation proposée dont ces équations différentielles sont des intégrales.

Appliquons ces considérations à l'équation

$$\frac{d^2z}{ds^2} + 2\frac{d^2z}{dt^2} + 3\frac{d^2z}{dsdt} - \frac{dz}{ds} - 3\frac{dz}{dt} - 2z = 0,$$

qui, par la substitution de $z = Ge^{su + tv}$, donne l'équation caractéristique

$$u^2 + 2v^2 + 3uv - u - 3v - 2 = 0,$$

qu'on peut écrire sous la forme du produit de deux facteurs

$$(u + 2v + 1)(u + v - 2) = 0.$$

Les valeurs de u et v qui satisfont à cette équation sont

$$u = -(2v + 1)(a) \quad v = -\frac{1 + u}{2}(b) \quad u = 2 - v(c) \quad v = 2 - u(d),$$

auxquelles correspondent les intégrales

$$z = Ge^{-(2v + 1)s + tv} = e^{-s}\varphi(t - 2s)\,(a) \quad z = Ge^{us - \frac{1+u}{2}t} = e^{-\frac{t}{2}}\chi(t - 2s)(b)$$

$$z = Ge^{(2 - v)s + tv} = e^{2s}\Psi(t - s)\,(c) \quad z = Ge^{us + (2-u)t} = e^{2t}\,\theta(t - s)\,(d).$$

Si l'on remarque que les intégrales (a) et (b) sont équivalentes ainsi que les intégrales (c) et (d) la somme des intégrales (a) et (c) représentera l'intégrale complète de l'équation proposée qui sera exprimée par

$$z = e^{-s}\,\varphi(t - 2s) + e^{2s}\,\Psi(t - s),$$

φ et Ψ représentant des fonctions arbitraires.

Si maintenant on envisage les équations

$$u + 2v + 1 = 0 \quad u + v - 2 = 0,$$

dans lesquelles se décompose l'équation caractéristique de l'équation proposée, à chacune d'elles correspondent les équations différentielles

$$\frac{dz}{ds} + 2\frac{dz}{dt} + z = 0, \quad \frac{dz}{ds} + \frac{dz}{dt} - 2z = 0.$$

que l'on peut considérer comme des intégrales premières de l'équation proposée.

§ 79. — Examinons plus particulièrement l'équation linéaire aux différentielles partielles du second ordre

$$(1) \qquad a\frac{d^2z}{dt^2} + b\frac{d^2z}{dtds} + c\frac{d^2z}{ds^2} + k\frac{dz}{dt} + f\frac{dz}{ds} + tz = 0,$$

en posant comme intégrale

$$z = Ge^{su+tv},$$

cette valeur nous donnera, comme équation caractéristique

$$(2) \qquad av^2 + bvu + cu^2 + kv + fu + t = 0$$

équation qui, résolue par rapport à v, conduit aux deux valeurs

$$v = -\frac{bu+k}{2a} \pm \frac{1}{2a}\sqrt{(b^2-4ac)u^2 + 2(bk-2af)u + k^2 - 4al},$$

nous aurons ainsi, pour déterminer la valeur de z

$$v = Ge^{su - \frac{bu+k}{2a} \pm \frac{1}{2a}\sqrt{(b^2-4ac)u^2 + 2(bu-2af)u + k^2 - 4al}},$$

effectuant la généralisation, nous aurons que ces deux valeurs ne donnent que la seule intégrale

$$(3) \quad \begin{cases} z = e^{-\frac{kt}{2a}} \int_{-\infty}^{\infty}\int_{-\infty}^{\infty} e^{-w^2-\omega^2-\frac{k^2-4al}{16a^2\omega^2}} \times \\ \times \varphi\left(s - \frac{bt}{a} + \sqrt{4ac-b^2}\,\frac{tw}{2a\omega} - \frac{bk-2af}{8a^2\omega^2}t^2\right)d\omega dw. \end{cases}$$

Si nous résolvons l'équation (2) par rapport à u en fonction de v, nous aurons, par un calcul analogue, une seconde intégrale

$$(4) \quad \begin{cases} s = e^{-\frac{fs}{2c}} \int_{-\infty}^{\infty}\int_{-\infty}^{\infty} e^{-w^2-\omega^2-\frac{f^2-4c}{16c^2\omega^2}s^2} \times \\ \times \Psi\left(t - \frac{bs}{2c} + \sqrt{4ac-b^2}\,\frac{sw}{2c\omega} - \frac{bf-2ck}{8c^2\omega^2}s^2\right)d\omega dw. \end{cases}$$

La somme de ces deux intégrales représentera l'intégrale complète de l'équation (1) qui ne renferme que deux fonctions arbitraires φ et Ψ.

Dans le cas où l'un des coefficients a ou c est nul l'équation prend la forme

$$a\frac{d^2z}{dt^2} + b\frac{dz^2}{dtds} + k\frac{dz}{at} + f\frac{dz}{as} + lz = 0,$$

qui a comme équation caractéristique

$$av^2 + buv + kv + fu + l = 0,$$

en résolvant cette équation par rapport à u on obtient

$$u = -\frac{av^2 + kv + l}{bv + f},$$

nous aurons ainsi que l'intégrale complète sera exprimée par la somme de l'intégrale (3) dans laquelle on posera $c = 0$ et de la suivante

$$z = Ge^{tv - \frac{av^2 + kv + l}{bv + f}},$$

qui, généralisée, doit se substituer à l'intégrale (4) qui devient illusoire.

§ **80.** — Si les coeficients de $\frac{d^2z}{dt^2}$ et $\frac{d^2z}{ds^2}$ sont simultanément nuls, l'équation proposée est de la forme

$$(1) \qquad \frac{d^2z}{dtds} + a\frac{dz}{dt} + b\frac{dz}{ds} + cz = 0,$$

elle a comme équation caractéristique

$$vu + av + bu + c = 0,$$

qui, résolue par rapport à v, donne

$$v = -\frac{bu + c}{u + a},$$

et par suite la valeur de z sera exprimée par

$$z = Ge^{su - bt - \frac{c - ab}{u + a}t},$$

effectuant la généralisation nous aurons

$$z = e^{-bt}\varphi(s) - \frac{2e^{-bt}}{\pi}\int_0^\infty\int_0^\infty e^{-a\omega}\sin\frac{(c - ab)t}{h}\sin h\omega\varphi(s - \omega)dhd\omega.$$

C'est une intégrale de l'équation proposée avec une seule fonction arbitraire; pour obtenir une seconde intégrale de cette même équation, il suffit de remarquer que l'on peut sans altérer l'équation proposée changer s en t et t en s, pourvu que l'on change a en b et b en a nous obtiendrons ainsi :

$$z = e^{-as}\Psi(t) - \frac{2e^{-as}}{\pi}\int_0^\infty\int_0^\infty e^{-b\omega}\sin\frac{(c - ab)s}{h}\sin h\omega\Psi(t - \omega)dhd\omega,$$

de ces deux intégrales on déduira l'intégrale complète

$$z = e^{-bt}\varphi(s) + e^{-as}\Psi(t) - \frac{2}{\pi}\int_0^\infty\int_0^\infty \sin h\omega \left\{ e^{-a\omega - bt} \sin\frac{(c-ab)t}{h}\varphi(s-\omega) + \right.$$

$$\left. + e^{-b\omega - as} \sin\frac{(c-ab)s}{h}\Psi(t-\omega) \right\} dh d\omega.$$

Si l'on admet que dans l'équation (1) a et b sont nuls et $c = -a$ nous avons l'équation

$$\frac{d^2z}{dsdt} = az,$$

qui a pour intégrale

$$z = \varphi(s) + \Psi(t) + \frac{2}{\pi}\int_0^\infty\int_0^\infty \sin h\omega \left\{ \sin\frac{at}{p}\varphi(s-\omega) + \right.$$

$$\left. + \sin\frac{as}{h}\Psi(t-\omega) \right\} dh d\omega.$$

Nous pouvons faire remarquer que l'intégrale de l'équation

$$\frac{d^2z}{dtds} = z,$$

qui est un cas particulier de celle que nous venons de considérer, a été donnée par Poisson sous la forme

$$z = \varphi(s) + \frac{t}{1}\int \varphi(s)ds + \frac{t^2}{1.2}\iint \varphi(s)ds^2 + \ldots$$

$$+ \Psi(t) + \frac{s}{1}\int \Psi(t)dt + \frac{s^2}{1.2}\iint \Psi(t)dt^2 + \ldots$$

intégrale qui n'est autre chose que la valeur de $z = \mathrm{G}e^{tu + \frac{s}{u}} + \mathrm{G}e^{tu - \frac{s}{u}}$ lorsqu'on développe $e^{\frac{s}{u}}$ et $e^{\frac{t}{u}}$ en séries et qu'on effectue l'opération G sur chaque membre.

§ **81.** — *Soit proposée l'équation*

$$\frac{d^mz}{dt^m} = a\frac{d^nz}{ds^n}.$$

Si nous posons

$$z = \mathrm{G}e^{tu + sv},$$

nous aurons comme équation caractéristique

$$u^m - av^n = 0,$$

représentons pour abréger par $[m]$ l'une quelconque des racines m^{my} de l'unité et résolvons cette équation par rapport à u et v nous obtiendrons :

$$u = [m]\sqrt[m]{a}\,v^{\frac{n}{m}},$$

$$v = [n]\frac{u^{\frac{m}{n}}}{\sqrt[n]{a}},$$

Nous aurons donc à l'aide de l'expression de z

$$z = \mathrm{G}e^{su + [m]\sqrt[m]{a}tu^{\frac{n}{m}}},$$

$$z = \mathrm{G}e^{tu + [n]\frac{su^{\frac{m}{n}}}{\sqrt[n]{a}}}.$$

Sous cette forme, la généralisation présente quelque difficulté à cause des radicaux $u^{\frac{n}{m}}$ et $u^{\frac{m}{n}}$ qui entrent dans l'expression ; mais si l'on remarque que nous avons obtenu des valeurs qui satisfont à l'équation proposée, quelle que soit la valeur de la constante u, ces mêmes valeurs satisferont encore à l'équation, lorsqu'on y substituera u^m et u^n à la place de u, de sorte que nous pourrons écrire les valeurs de z sous les formes

$$z = \mathrm{G}e^{tu^m + [m]\sqrt[m]{a}tu^n},$$

$$z = \mathrm{G}e^{tu^n + [n]\frac{su^m}{\sqrt[n]{a}}},$$

valeurs qui, généralisées, exprimeront autant d'intégrales de l'équation proposée.

§ **82.** — *Soit proposé d'intégrer l'équation*

$$\frac{d^2z}{dt^2} = a\frac{dz}{ds},$$

dans ce cas, $m = 2$ et $n = 1$, et les valeurs de z seront exprimées par

$$z = \mathrm{G}e^{\sqrt{a}tu + su^2} = \int_{-\infty}^{\infty} e^{-\omega^2}\varphi(t\sqrt{a} + 2\omega\sqrt{s})d\omega,$$

$$z = Ge^{-\sqrt{a}tu+su^2} = \int_{-\infty}^{\infty} e^{-\omega^2}\Psi(-t\sqrt{a}+2\omega\sqrt{s})d\omega,$$

$$z = Ge^{tu+\frac{su^2}{\sqrt{a}}} = \int_{-\infty}^{\infty} e^{-\omega^2}\theta\left(t+2\omega\frac{\sqrt{s}}{\sqrt{a}}\right)d\omega.$$

Si l'on remarque que ces intégrales sont identiques nous pourrons regarder, comme l'a fait Poisson, l'une quelconque de ces intégrales comme l'intégrale complète de l'équation proposée.

§ **83**. — *Soit proposé d'intégrer l'équation*

$$\frac{d^2z}{dt^2} = a^2\frac{d^2z}{ds^2},$$

nous aurons alors $m = 2$ $n = 2$ et les valeurs de z seront exprimées par les quatre valeurs

$$z = Ge^{su+\sqrt{a}tu} \quad z = Ge^{su-\sqrt{a}tu} \quad z = Ge^{tu+\frac{su}{\sqrt{a}}} \quad z = Ge^{tu-\frac{su}{\sqrt{a}}},$$

comme la troisième est équivalente à la première et la quatrième à la seconde, l'intégrale complète de l'équation sera exprimée par la somme des valeurs des deux premières

$$z = \varphi(s+t\sqrt{a}) + \Psi(s-t\sqrt{a}).$$

Soit proposé d'intégrer l'équation

$$\frac{d^3z}{dx^3} = a\frac{d^2z}{dy^2}.$$

Nous avons en posant

$$z = Ge^{xu+yv},$$

l'équation caractéristique

$$u^3 = av^2,$$

équation qui donne les cinq relations suivantes

$$u = \sqrt[3]{av}^{\frac{2}{3}} \quad u = \beta\sqrt[3]{av}^{\frac{2}{3}} \quad u = \beta^2\sqrt[3]{av}^{\frac{2}{3}} \quad v = \frac{u^{3/2}}{\sqrt{a}} \quad v = -\frac{u^{3/2}}{\sqrt{a}}.$$

1, β, et β^2 représentant les trois racines de l'unité.

Il en résultera pour z les cinq expressions suivantes

$$(1)\left\{\begin{aligned} & z = Ge^{yv+x\sqrt[3]{av}^{\frac{2}{3}}} = Ge^{x\sqrt[3]{av^2}+yv^3} = \\ & = \int_{-\infty}^{\infty}\int_{-\infty}^{\infty}\int_{-\infty}^{\infty}\int_{-\infty}^{\infty} e^{-\omega^2-t^2-v^2-w^2}\varphi\left\{\sqrt[6]{a}\sqrt{x\omega}+\right. \\ & \left.+\sqrt{yw}+v\sqrt{\sqrt{y}(w+t\sqrt{-1})-y}\right\}d\omega dv dt dw, \end{aligned}\right.$$

$$(2)\left\{\begin{aligned} z &= Ge^{yv + \beta x \sqrt[3]{a} v^{2/3}} = Ge^{\beta x \sqrt[3]{a} v^2 + yv^3} = \\ &= \int_{-\infty}^{\infty}\int_{-\infty}^{\infty}\int_{-\infty}^{\infty}\int_{-\infty}^{\infty} e^{-\omega^2 - t^2 - v^2 - w^2}\psi\Big\{\sqrt[6]{a}\sqrt{\beta x}\omega + \\ &+ \sqrt{y}w + v\sqrt{\sqrt{y}(w + t\sqrt{-1}) - y}\Big\} d\omega dv dt dw, \end{aligned}\right.$$

$$(3)\left\{\begin{aligned} z &= Ge^{yv + \beta^2 x \sqrt[3]{a} v^{2/3}} = Ge^{\beta^2 x \sqrt[3]{a} v^2 + yv^3} = \\ &= \int_{-\infty}^{\infty}\int_{-\infty}^{\infty}\int_{-\infty}^{\infty}\int_{-\infty}^{\infty} e^{-\omega^2 - t^2 - v^2 - w^2}\chi\Big\{\beta\sqrt[6]{a}\sqrt{x}\omega + \\ &+ \sqrt{y}w + v\sqrt{\sqrt{y}(w + t\sqrt{-1}) - y}\Big\} d\omega dv dt dw, \end{aligned}\right.$$

$$(4)\left\{\begin{aligned} z &= Ge^{xu + \frac{y}{\sqrt{a}} u^{3/2}} = Ge^{x\sqrt{a}u^2 + yu^3} = \\ &= \int_{-\infty}^{\infty}\int_{-\infty}^{\infty}\int_{-\infty}^{\infty}\int_{-\infty}^{\infty} e^{-\omega^2 - t^2 - v - w^2}\theta\Big\{\sqrt[4]{a}\sqrt{x}\omega + \\ &+ \sqrt{y}w + v\sqrt{\sqrt{y}(w\sqrt{-1} - t) + y\sqrt{-1}}\Big\} d\omega dv dt dw, \end{aligned}\right.$$

$$(5)\left\{\begin{aligned} z &= Ge^{xu - \frac{y}{\sqrt{a}} u^{3/2}} = Ge^{x\sqrt{a}u^2 - yu^3} = \\ &= \int_{-\infty}^{\infty}\int_{-\infty}^{\infty}\int_{-\infty}^{\infty}\int_{-\infty}^{\infty} e^{-\omega^2 - t^2 - v^2 - w^2}\rho\Big\{\sqrt[4]{a}\sqrt{x}\omega + \\ &+ \sqrt{y}w\sqrt{-1} + v\sqrt{\sqrt{y}(w\sqrt{-1} - t) + y\sqrt{-1}}\Big\} d\omega dv dt dw. \end{aligned}\right.$$

La somme de ces valeurs satisfaisant à l'équation proposée, si a est différent de l'unité l'équation proposée admettra cinq fonctions arbitraires dans son intégrale ; dans le cas où $a = 1$ les relations (1) et (4) deviennent identiques de sorte que l'équation $\frac{d^3z}{dx^3} = \frac{d^2z}{dy^2}$ n'admettra plus que quatre fonctions arbitraires.

Si l'on supposait $a = 0$ l'équation, prenant la forme $\frac{d^3z}{dx^3} = 0$ aura pour intégrale $z = \varphi(y) + \Psi(y)x + \chi(y)x^2$ et n'admettra plus que trois fonctions arbitraires.

Enfin si $a = \infty$ l'équation prendra la forme $\frac{d^2z}{dz^2} = 0$ elle aura pour intégrale $z = \varphi(x) + \Psi(x)y$ et n'admettra plus que deux fonctions arbitraires.

La seule difficulté que présente ce procédé, pour reconnaître le nombre des fonctions arbitraires qu'admet l'intégrale complète d'une équation, consiste à constater si les fonctions arbitraires qui entrent dans chaque intégrale sont ou ne sont pas identiques.

Pour cela, on développe ces intégrales en séries ordonnées suivant les puissances des variables indépendantes par la méthode des coefficients indéterminés pour reconnaître leur identité, le plus souvent le calcul sera facilité en faisant ce développement sur l'expression obtenue avant d'effectuer la généralisation.

§ **84**. — *Soit encore proposé d'intégrer l'équation*

$$\frac{d^4z}{ds^4} = a^2 \frac{d^2z}{dt^2}.$$

Si nous posons $z = \mathrm{G}e^{su + tv}$ nous obtiendrons $\mathrm{G}e^{su+tv}(u^4 - a^2v^2) = 0$ et par conséquent $u^4 - a^2v^2 = 0$ équation qui, résolue par rapport à u et v, donne

$$u = \sqrt{av}, \quad u = -\sqrt{av}, \quad u = \sqrt{av}\sqrt{-1}, \quad u = -\sqrt{av}\sqrt{-1},$$
$$v = \frac{u^2}{a}, \quad v = -\frac{u^2}{a},$$

nous aurons ainsi pour z les six valeurs

$$(1) \quad \mathrm{Z} = \mathrm{G}e^{s\sqrt{av} + tv} = \mathrm{G}e^{s\sqrt{a}v + tv^2} = \int_{-\infty}^{\infty} e^{-\omega^2}\varphi(s\sqrt{a} + 2\sqrt{t}\omega)d\omega,$$

$$(2) \quad z = \mathrm{G}e^{-s\sqrt{av} + tv} = \mathrm{G}e^{-s\sqrt{a}v + tv^2} = \int_{-\infty}^{\infty} e^{-\omega^2}\chi(-s\sqrt{a} + 2\sqrt{t}\omega)d\omega,$$

$$(3) \quad z = \mathrm{G}e^{s\sqrt{av}\sqrt{-1} + tv} = \mathrm{G}e^{s\sqrt{a}v\sqrt{-1} + tv^2} = \int_{-\infty}^{\infty} e^{-\omega^2}\Psi(s\sqrt{a}\sqrt{-1} + 2\sqrt{t}\omega)d\omega,$$

$$(4) \quad z = \mathrm{G}e^{-s\sqrt{av}\sqrt{-1} + tv} = \mathrm{G}e^{-s\sqrt{a}v\sqrt{-1} + tv^2} = \int_{-\infty}^{\infty} e^{-\omega^2}\theta(-s\sqrt{a}\sqrt{-1} + 2\sqrt{t}\omega)d\omega$$

$$(5) \quad z = \mathrm{G}e^{su + \frac{t}{a}u^2} = \int_{-\infty}^{\infty} e^{-\omega^2}\lambda\left(s + 2\sqrt{\frac{t}{a}}\,\omega\right)d\omega,$$

$$(6) \quad z = \mathrm{G}e^{su - \frac{t}{a}u^2} = \int_{-\infty}^{\infty} e^{-\omega^2}\rho\left(s - 2\sqrt{\frac{t}{a}}\,\omega\sqrt{-1}\right)d\omega.$$

Il est facile de voir que ces deux dernières valeurs coïncident avec l'une des quatre premières ; par suite, l'intégrale complète de l'équation proposée sera exprimée par

$$z = \int_{-\infty}^{\infty} e^{-\omega^2} \left\{ \varphi\left(s + 2\sqrt{\frac{t}{a}}\omega\right) + \chi\left(s - 2\sqrt{\frac{t}{a}}\omega\right) + \Psi\left(s - 2\sqrt{\frac{t}{a}}\omega\sqrt{-1}\right) + \right.$$

$$\left. + \theta\left(s + 2\sqrt{\frac{t}{a}}\, a\sqrt{-1}\right) \right\} d\omega,$$

φ, χ, Ψ et θ étant quatre fonctions arbitraires.

On peut, par un changement de variables, écrire cette intégrale sous la forme

$$z = \frac{1}{\sqrt{t}} \int_{-\infty}^{\infty} \left\{ e^{-\frac{(\omega - s)^2}{4t}a} \varphi(\omega) + e^{\frac{(\omega - s)^2}{4t}a} \chi(\omega) + e^{-\frac{(\omega + s)^2}{4t}a} \Psi(\omega) + e^{\frac{(\omega + s)^2}{4t}a} \theta(\omega) \right\} d\omega.$$

Si nous supposons dans l'équation proposée $a = a\sqrt{-1}$ nous obtiendons que l'intégrale de l'équation

$$\frac{d^4 z}{dz^4} + a^2 \frac{d^2 z}{dt^2} = 0$$

est donnée par la formule

$$z = \frac{1}{\sqrt{t}} \int_{-\infty}^{\infty} \cos \frac{(\omega + s)^2}{4t} a\varphi(\omega) + \sin \frac{(\omega + s)^2}{4t} a\chi(\omega) +$$

$$+ \cos \frac{(\omega - s)^2}{4t} a\Psi(\omega) + \sin \frac{(\omega - s)^2}{4t} a\theta(\omega) \Big\} d\omega.$$

Cauchy, dans la théorie des ondes, a présenté l'intégrale de cette équation sous une autre forme.

§ **85.** — *Soit proposé d'intégrer l'équation*

$$\frac{d^2 V}{ds^2} + \frac{d^2 V}{dt^2} + \frac{d^2 V}{dp^2} = mV. \qquad (1)$$

Si nous posons

$$V = Ge^{su + tv + pw} \qquad (2)$$

nous aurons par la substitution de cette valeur dans l'équation

$$Ge^{su + tv + pw} (u^2 + v^2 + w^2 - m) = 0$$

à laquelle on satisfait en posant

$$u^2 + v^2 + w^2 - m = 0 ;$$

on déduit de cette relation

$$u = -\sqrt{m - v^2 - w^2} \qquad v = -\sqrt{m - u^2 - w^2} \qquad w = -\sqrt{m^2 - u^2 - v^2}$$

par suite, la relation (2) nous donnera

(3) $$V = Ge^{tv + pw - s\sqrt{m - v^2 - w^2}}$$

(4) $$V = Ge^{su + pw - t\sqrt{m - u^2 - w^2}}$$

(5) $$V = Ge^{su + tv - p\sqrt{m - u^2 - w^2}}.$$

En considérant la valeur de V donnée par l'équation (3), nous pourrons effectuer la séparation des variables à l'aide de l'intégrale connue (formule (5) du § **12**).

$$e^{-s\sqrt{u}} = \frac{1}{\sqrt{\pi}}\int_{-\infty}^{\infty} e^{-\omega^2 - \frac{s^2}{4\omega^2}u}\, d\omega$$

en posant $u = m - v^2 - w^2$, il en résultera

$$Ge^{-s\sqrt{m - v^2 - w^2}} = \frac{1}{\sqrt{\pi}}\int_{-\infty}^{\infty} e^{-\omega^2 - \frac{ms^2}{4\omega^2}}\, d\omega\, G\, e^{\frac{s^2v^2}{4\omega^2} + \frac{s^2w^2}{4\omega^2}}$$

et par conséquent, nous aurons :

$$V = \frac{1}{\sqrt{\pi}}\int_{-\infty}^{\infty} e^{-\omega^2 - \frac{ms^2}{4\omega^2}}\, d\omega\, G\, e^{tv + \frac{s^2v^2}{4\omega^2}} . e^{pw + \frac{s^2w^2}{4\omega^2}}$$

effectuant la généralisation, nous obtiendrons :

$$V = \frac{1}{\pi^{\frac{3}{2}}}\int_{-\infty}^{\infty}\int_{-\infty}^{\infty}\int_{-\infty}^{\infty} e^{-\omega^2 - k^2 - h^2 - \frac{ms^2}{4\omega^2}}\, \varphi\left(t + \frac{sk}{\omega}, p + \frac{sh}{\omega}\right) d\omega\, dk\, dh$$

comme intégrale particulière de l'équation proposée.

L'équation (4) nous donnera de même en changeant t en s et s en t

$$V = \frac{1}{\pi^{\frac{3}{2}}}\int_{-\infty}^{\infty}\int_{-\infty}^{\infty}\int_{-\infty}^{\infty} e^{-\omega^2 - k^2 - h^2 - \frac{mt^2}{4\omega^2}}\, \Psi\left(s + \frac{tk}{\omega}, p + \frac{th}{\omega}\right) d\omega\, dk\, dh$$

et l'équation (5) donnera en changeant dans cette relation t en p et p en t

$$V = \frac{1}{\pi^{\frac{3}{2}}}\int_{-\infty}^{\infty}\int_{-\infty}^{\infty}\int_{-\infty}^{\infty} e^{-\omega^2 - k^2 - h^2 - \frac{mp^2}{4\omega^2}}\, \theta\left(s + \frac{pk}{\omega}, t + \frac{ph}{\omega}\right) d\omega\, dk\, dh.$$

La somme de ces trois intégrales donnera pour intégrale complète de l'équation (1)

$$V=\int_{-\infty}^{\infty}\int_{-\infty}^{\infty}\int_{-\infty}^{\infty} e^{-\omega^2-k^2-h^2}\left\{e^{-\frac{ms^2}{4\omega^2}}\varphi\left(t+\frac{sk}{\omega}, p+\frac{sh}{\omega}\right)+e^{-\frac{mt^2}{4\omega^2}}\Psi\left(s+\frac{tk}{\omega}, p+\frac{th}{\omega}\right)+e^{-\frac{mp^2}{4\omega^2}}\theta\left(s+\frac{pk}{\omega}, t+\frac{ph}{\omega}\right)\right\}d\omega\, dk\, dh$$

φ, Ψ et θ représentant trois fonctions arbitraires, s'il est reconnu que ces fonctions ne sont pas équivalentes.

§ **86**. — Soit proposé d'intégrer l'équation

$$\frac{dz}{dt}=a\frac{d^2z}{ds^2}+b\frac{d^2z}{dp^2}+c\frac{d^2z}{dq^2}+\dots \tag{1}$$

qui se présente dans les problèmes relatifs à la distribution de la chaleur dans l'intérieur des corps.

Comme la valeur de z renferme les variables indépendantes $t, s, p, q,\dots$ représentons l'intégrale de cette équation par

$$z=\mathrm{G}e^{tu+sv+pw+qr+\dots}$$

cette valeur substituée dans l'équation proposée conduit à l'équation caractéristique

$$u-av^2-bw^2-cr^2-\dots=0$$

qui, résolue par rapport à chacune des variables, donne

$$u=av^2+bw^2+cr^2+\dots \tag{2}$$

$$v=\pm\frac{1}{\sqrt{a}}\sqrt{u-bw^2-cr^2-\dots} \tag{3}$$

$$w=\pm\frac{1}{\sqrt{b}}\sqrt{u-av^2-cr^2+\dots} \tag{4}$$

. . . .

En substituant dans l'expression de z la valeur de u, donnée par la relation (2), l'intégrale correspondante sera exprimée par :

$$z=\mathrm{G}e^{sv+atv^2+pw+btw^2+qr+ctr^2+\dots}$$

effectuant la généralisation par facteurs, nous aurons :

$$z=\int_{-\infty}^{\infty}\int_{-\infty}^{\infty}\dots e^{-\omega^2-\omega'^2-\omega''^2-\dots}\varphi(s+2\omega\sqrt{at}, p+2\omega'\sqrt{bt}, q+2\omega''\sqrt{ct},\dots)d\omega\, d\omega'\, d\omega''\dots \tag{5}$$

C'est précisément l'intégrale donnée par Poisson comme intégrale complète de l'équation proposée (Poisson, théorie de la chaleur, § **76**).

Si l'on substitue dans l'expression de z pour v la valeur donnée par la relation (3), on obtient par l'intégrale correspondante

$$z=\mathrm{G}e^{tu+pw+qr+\dots-\frac{s}{\sqrt{a}}\sqrt{u-bw^2-cr^2-\dots}}$$

Pour effectuer la généralisation, nous remplacerons, dans l'intégrale connue $e^{-a\sqrt{u}} = \frac{1}{\sqrt{\pi}} \int_{-\infty}^{\infty} e^{-\omega^2 - \frac{a^2}{4\omega^2}u} d\omega$, u par $\sqrt{u - bw^2 - cr^2 \ldots}$

ce qui permettra d'écrire z sous la forme

$$z = \frac{1}{\sqrt{\pi}} G \int_{-\infty}^{\infty} e^{-\omega^2} d\omega \, e^{tu + pw + qr + \ldots - \frac{s^2}{4a\omega^2}(u - bw^2 - cr^2 - \ldots)}$$

effectuant la généralisation par facteurs, nous aurons

$$(6) \quad z = \int_{-\infty}^{\infty} \int_{-\infty}^{\infty} \ldots e^{-\omega^2 - \omega'^2 - \omega''^2} \Psi\left(t - \frac{s^2}{4a\omega^2}, p + s\sqrt{\frac{b}{a}}\frac{\omega'}{\omega}, q + s\sqrt{\frac{c}{a}}\frac{\omega''}{\omega}, \ldots\right) d\omega \, d\omega' \, d\omega'' \ldots$$

On peut se demander si cette valeur est une nouvelle intégrale ou simplement une forme équivalente de l'intégrale (5) déjà obtenue. C'est une question qu'il serait important de résoudre.

CHAPITRE XVIII

INTÉGRATION DE QUELQUES ÉQUATIONS AUX DIFFÉRENTIELLES PARTIELLES AVEC COEFFICIENTS VARIABLES

§ **87**. — Bien que nous n'ayons trouvé que peu de cas dans lesquels le calcul de généralisation conduise à la détermination des intégrales d'une équation aux différentielles partielles avec coefficients variables, nous allons cependant examiner quelques équations dont on peut obtenir des intégrales générales, c'est-à-dire, des expressions qui, contenant une fonction arbitraire, satisfont à l'équation proposée.

Souvent, il sera possible de déduire d'une première intégrale d'autres intégrales, soit par des changements de lettres, soit par des changements de signes, soit par des modifications sur la constante arbitraire par rapport à laquelle on effectue la généralisation.

Si l'on remarque que ce qui fait le succès de la méthode d'intégration des équations linéaires à coefficients constants par la généralisation, c'est qu'on parvient à une équation caractéristique qui ne renferme que les variables de généralisation ; ce résultat ne saurait être atteint si les coefficients sont variables. Il est donc nécessaire, dans ce cas, de procéder d'une manière différente, soit en cherchant à ramener l'équation proposée à celle d'une nouvelle équation dont les coefficients sont constants, soit en donnant à l'expression généralisatrice qui représente l'intégrale une forme différente de celle que nous avons constamment adoptée.

Soit proposé d'intégrer l'équation linéaire aux différences

$$R_y\varphi(x, y + 1) - P_x\varphi(x + 1, y) = 0.$$

Nous pourrons facilement transformer cette équation en une équation à coefficients constants, il suffit pour cela de poser

$$\varphi(x, y) = \theta(x)\mu(y)\Psi(x, y)$$

$\theta(x)$ et $\mu(y)$ étant des fonctions indéterminées de x et de y.

En effet, la substitution de cette valeur dans l'équation proposée donne

$$R_y\theta(x)\mu(y+1)\Psi(x, y+1) - P_x\theta(x+1)\mu(y)\Psi(x+1, y) = 0$$

qui se transforme en une équation linéaire à coefficients constants

$$(1) \qquad \Psi(x, y+1) - \Psi(x+1, y) = 0$$

en posant

$$\mu(y) = R_y\mu(y+1)$$
$$\theta(x) = P_x\theta(x+1)$$

intégrant ces équations, on trouve

$$\mu(y) = \frac{1}{R_0R_1R_2 \ldots R_{y-1}} \qquad \theta(x) = \frac{1}{P_0P_1P_2 \ldots P_{x-1}}.$$

L'intégrale de l'équation étant donnée par l'expression

$$\Psi(x, y) = \xi(x+y)$$

ξ désignant une fonction arbitraire. On conclut de là que l'intégrale complète de l'équation proposée sera exprimée par

$$\varphi(x, y) = \frac{\xi(x+y)}{R_0R_1R_2 \ldots R_{y-1}P_0P_1P_2 \ldots P_{x-1}}.$$

C'est ainsi que l'équation

$$\varphi(x, y+1) - x^m\varphi(x+1, y) = 0$$

admettra comme intégrale complète

$$\varphi(x, y) = \frac{\xi(x+y)}{\Gamma(x)^m}.$$

§ **88.** — Si l'on désigne par z la variable principale d'une équation dont s et t sont les variables indépendantes, il sera toujours possible, à l'aide du calcul de généralisation, d'exprimer une intégrale générale de l'équation linéaire dans laquelle les coefficients sont des fonctions de la seule variable s, lorsque la différentiation, par rapport à cette même variable, ne sera que de premier ordre.

Soient α, β, ... α', β', ... α'', β'', ... des fonctions de la seule variable s et posons pour abréger

$$T_m = \frac{d^mz}{dt^m} + \alpha\frac{d^{m-1}z}{dt^{m-1}} + \beta\frac{d^{m-2}z}{dt^{m-2}} + \ldots + \xi z$$

$$T_n = \frac{d^nz}{dt^n} + \alpha'\frac{d^{n-1}z}{dt^{n-1}} + \beta'\frac{d^{n-1}z}{dt^{n-2}} + \ldots$$

$$T_p = \frac{d^pz}{dt^p} + \alpha''\frac{d^{p-1}z}{dt^{p-1}} + \beta''\frac{d^{p-2}z}{dt^{p-2}} + \ldots$$

. . . .

L'équation proposée sera de la forme

$$(1) \qquad T_m + P\frac{dT_n}{ds} + Q\frac{dT_p}{ds} + \ldots = 0$$

P, Q, ... étant des fonctions de la variable s.

Si nous posons comme intégrale de cette équation

$$(2) \qquad z = \mathrm{G}e^{tu}\,\mathrm{S}$$

S représentant une fonction indéterminée de s et u.

Nous en déduirons

$$T_m = \mathrm{G}e^{ut}(u^m + \alpha u^{m-1} + \ldots + \xi)\mathrm{S}$$

$$\frac{dT_n}{ds} = \mathrm{G}e^{ut}\left\{\left(u^n + \alpha' u^{n-1} + \ldots\right)\frac{d\mathrm{S}}{ds} + \left(\frac{d\alpha'}{ds}u^{n-1} + \frac{d\beta'}{ds}u^{n-2} + \ldots\right)\mathrm{S}\right\}$$

$$\frac{dT_p}{ds} = \mathrm{G}e^{ut}\left\{\left(u^p + \alpha'' u^{p-1} + \ldots\right)\frac{d\mathrm{S}}{ds} + \left(\frac{d\alpha''}{ds}u^{p-1} + \frac{d\beta''}{ds}u^{p-2} + \ldots\right)\mathrm{S}\right\}$$

. . . .

par suite l'équation pourra se mettre sous la forme

$$(3)\left\{\begin{aligned}&\mathrm{G}e^{ut}\Big[\Big\{u^m + \alpha u^{m-1} + \ldots + \xi + \left(\frac{d\alpha'}{ds}u^{n-1} + \ldots\right)\mathrm{P} + \left(\frac{d\alpha''}{ds}u^{p-1} + \ldots\right)\mathrm{Q} + \ldots\Big\}\mathrm{S}\\ &\qquad + \Big\{(u^n + \alpha' u^{n-1} + \ldots)\mathrm{P} + (u^p + \alpha'' u^{p-1} + \ldots)\mathrm{Q} + \ldots\Big\}\frac{d\mathrm{S}}{ds}\end{aligned}\right.$$

équation à laquelle on satisfait en déterminant S à l'aide de l'équation

$$(4) \int\frac{d\mathrm{S}}{\mathrm{S}} = \log \mathrm{S} = -\int\frac{u^m + \alpha u^{m-1} + \ldots + \left(\frac{d\alpha'}{ds}u^{n-1} + \ldots\right)\mathrm{P} + \left(\frac{d\alpha''}{ds}u^{p-1} + \ldots\right)\mathrm{Q}}{(u^n + \alpha' u^{n-1} + \ldots)\mathrm{P} + (u^p + \alpha'' u^{p-1} + \ldots)\mathrm{Q} + \ldots}ds$$

En substituant cette valeur de S dans l'expression (2), nous aurons comme intégrale de l'équation proposée

$$(5) \; z = \mathrm{G}e^{ut - \int\frac{u^m + \alpha u^{m-1} + \ldots \left(\frac{d\alpha'}{dx}u^{n-1} + \ldots\right)\mathrm{P} + \left(\frac{d\alpha''}{dx}u^{p-1} + \ldots\right)\mathrm{Q} + \ldots}{(u^n + \alpha' u^{n-1} + \ldots) + (u^p + \alpha'' u^{p-1} + \ldots)\mathrm{Q} + \ldots}ds}$$

dont il ne reste plus qu'à effectuer la généralisation qui introduira dans la valeur de z une fonction arbitraire.

§ **89.** — *Soit proposé d'intégrer l'équation aux différentielles partielles*

$$\frac{d^2z}{dt^2} + \mathrm{P}\frac{dz}{ds} = \mathrm{Q}z$$

P *et* Q *étant des fonctions données de* s.

Cette équation est comprise dans le cas général que nous venons de traiter : nous poserons en conséquence

$$z = \mathrm{G}e^{ut}\mathrm{S}$$

nous aurons l'équation caractéristique

$$P\frac{dS}{ds} - QS + u^2S = 0$$

qui a pour intégrale

$$S = e^{\int \frac{Qds}{P} - u^2 \int \frac{ds}{P}}$$

cette valeur donne pour z

$$z = Ge^{\int \frac{Qds}{P} + tu - u^2 \int \frac{ds}{P}}$$

effectuant la généralisation

$$z = e^{\int \frac{Qds}{P}} \int_{-\infty}^{\infty} e^{-\omega^2}\Psi\left(t + 2\omega\sqrt{\int \frac{ds}{P}}\sqrt{-1}\right)d\omega$$

changeant le signe du radical, nous aurons une seconde intégrale ; par suite, l'intégrale complète de l'équation proposée sera exprimée par :

$$z = e^{\int \frac{Qds}{P}} \int_{-\infty}^{\infty} e^{-\omega^2}\left\{\Psi\left(t + 2\omega\sqrt{\int \frac{ds}{P}}\sqrt{-1}\right) + \chi\left(t - 2\omega\sqrt{\int \frac{ds}{P}}\sqrt{-1}\right)\right\}d\omega$$

lorsque nous aurons reconnu que les deux expressions qui renferment les fonctions arbitraires φ et Ψ ne sont pas équivalentes.

§ **90.** — *Soit proposé d'intégrer l'équation*

$$\frac{d^2z}{dt^2} + P\frac{d^2z}{dsdt} + Qz = 0.$$

Cette équation n'est qu'un cas particulier de l'équation (1) du § **88**.

Posons donc

$$z = Ge^{tu}S,$$

nous aurons l'équation caractéristique

$$u^2S + Pu\frac{dS}{ds} + QS = 0,$$

dont l'intégrale est :

$$S = e^{-u\int \frac{ds}{P} - \frac{1}{u}\int \frac{Qds}{P}},$$

et par suite nous aurons pour z

$$z = Ge^{\left(t - \int \frac{ds}{P}\right)u - \frac{1}{u}\int \frac{Qds}{P}},$$

effectuant la généralisation (formule (7) du § **25**).

$$z=\Psi\left(t-\int\frac{ds}{P}\right)-\frac{2}{\pi}\int_0^\infty\int_0^\infty \sin\frac{\int\frac{Qds}{P}}{h}\sin hv\Psi\left(t-\int\frac{ds}{P}-v\right)dhdv,$$

Ψ désignant une fonction arbitraire.

Si l'on remarque que l'équation ne change pas lorsqu'on y change les signes de P et t, ou, ce qui revient au même, si l'on change le signe de u dans la valeur de z nous aurons une seconde intégrale

$$z=\varphi\left(t-\int\frac{ds}{P}\right)+\frac{2}{\pi}\int_0^\infty\int_0^\infty \sin\frac{\int\frac{Qds}{p}}{h}\sin hv\varphi\left(t-\int\frac{ds}{P}+v\right)dhdv.$$

La somme de ces deux intégrales représentera une intégrale de l'équation proposée avec deux fonctions arbitraires lorsqu'on aura reconnu que ces expressions sont différentes sans cependant qu'on puisse affirmer qu'elle en soit l'intégrale complète.

Dans l'équation (1) du § **88** est encore comprise l'équation

$$\frac{d^2z}{dsdt}+a\frac{dz}{ds}+Rz=0,$$

nous aurons, dans ce cas, pour l'équation (3) du même §

$$z=Ge^{ut-\int\frac{Rds}{u+Q}},$$

Comme cette valeur satisfait à l'équation, quelle que soit u, en changeant u et $-u$ on obtient une seconde valeur

$$z=Ge^{-ut+\int\frac{Rds}{u-Q}},$$

valeur qu'on aurait pu obtenir en remarquant que l'équation proposée ne change pas lorsqu'on change les signes de t, Q et R.

Il est facile de reconnaître que ces deux valeurs satisfont à l'équation proposée ; il reste à effectuer leur généralisation.

§ **91**. — *Soit proposé d'intégrer l'équation*

$$\frac{d^2z}{d^2s}+(R-b)\frac{d^2z}{dsdt}-bR\frac{d^2z}{dt^2}=0, \tag{1}$$

dans laquelle R *est une fonction de* S^2 *et* b *une quantité constante.*

Si l'on remarque que cette équation résulte de l'élimination de k entre les deux équations

$$\frac{dz}{ds}-b\frac{dz}{dt}=k, \tag{2}$$

$$\frac{dk}{ds}+R\frac{dk}{dt}=0, \tag{3}$$

nous aurons, en intégrant cette dernière équation

$$k = \theta\,(t - \int \mathrm{R}ds),$$

θ désignant une fonction arbitraire ; en posant $\int \mathrm{R}ds = \chi(s)$ l'équation (2) pourra s'écrire

$$(4) \qquad \frac{dz}{ds} - b\frac{dz}{dt} = \theta\big(t - \chi(s)\big).$$

Pour intégrer cette dernière équation, nous poserons

$$z = \mathrm{G}e^{su' + tv'},$$

et

$$\theta(t - \chi(s) = \mathrm{F}(s,\ t) = \mathrm{G}e^{su + tv},$$

il en résultera que l'équation (4) pourra se mettre sous la forme

$$\mathrm{G}e^{su' + tv'}(u' - bv') = \mathrm{G}e^{su + tv},$$

dont on déduit :

$$z = \mathrm{G}e^{su' + tv'} = \mathrm{G}\,\frac{e^{su + tv}}{u - bv},$$

mais comme

$$\mathrm{G}\,\frac{e^{su + tv}}{u - bv} = \int_0^\infty \mathrm{F}(s - \omega,\ t + b\omega)d\omega,$$

il en résultera

$$(5) \qquad z = \int_0^\infty \theta\big(t + b\omega - \chi(s - \omega)\big)d\omega,$$

comme intégrale de l'équation proposée.

Si l'on remarque que l'équation (1) reste la même lorsqu'on y change les signes de s et t nous aurons une seconde intégrale de la même forme de sorte que

$$(6) \quad z = \int_0^\infty \Big\{\theta\big(t + b\omega - \chi(s - \omega)\big) + \varphi\big(t - b\omega + \chi(s + \omega)\big)d\omega\Big\},$$

représentera l'intégrale complète de l'équation proposée.

Lorsqu'on suppose $\mathrm{R} = b$ dans l'équation (1) on obtient à l'aide de la relation (b) que

$$z = \theta(t - bs) + \varphi(t + bs),$$

est l'intégrale connue de l'équation $\frac{d^2z}{ds^2} = b^2 \frac{d^2z}{dt^2}$.

§ **92.** — *Intégration de l'équation*

$$\frac{d^2z}{dt^2} + Q\frac{dz}{dt} + \frac{P}{t}\frac{dz}{ds} = 0.$$

En désignant par S une fonction indéterminée de s posons

$$z = Ge^{St}.$$

En substituant cette valeur dans l'équation proposée nous aurons :

$$Ge^{St}\left(S^2 + QS + P\frac{dS}{ds}\right) = 0,$$

et par suite la valeur de S sera déterminée en intégrant l'équation

$$\frac{dS}{ds} + \frac{Q}{P}S + \frac{S^2}{P} = 0,$$

nous aurons donc en posant pour abréger $k = e^{\int \frac{Q ds}{P}}$,

$$z = Ge^{\frac{\frac{t}{k}}{c + \int \frac{ds}{kP}}}.$$

Si nous supposons la constante $c = -u$ nous aurons pour intégrale de l'équation proposée

$$z = Ge^{\frac{-\frac{t}{k}}{u - \int \frac{ds}{kP}}},$$

et, en effectuant la généralisation

$$z = \int_0^\infty \int_0^\infty e^{v\int \frac{ds}{kP}} \sin\frac{t}{kh} \sin hv\varphi(-v)\, dvdh,$$

comme l'équation reste la même lorsqu'on change les signes de P, Q et t, ou, ce qui revient au même, lorsqu'on pose $c = u$, dans l'expression de z, nous aurons une seconde intégrale

$$z = \int_0^\infty \int_0^\infty e^{-v\int \frac{ds}{kP}} \sin\frac{t}{kh} \sin hv\Psi(-v)\, dvdh.$$

Nous pourrons donc écrire, en reconnaissant que ces intégrales ne sont pas équivalentes, que leur somme satisfait à l'équation proposée.

§ **93**. — *Intégration de l'équation*

$$t\frac{d^2z}{dt^2}+P\frac{dz}{ds}+Qz=0,$$

P *et* Q *désignant des fonctions de s.*

En représentant par K et S deux fonctions de s, posons comme intégrale

$$z=Ge^{K+St},$$

cette valeur substituée dans l'équation donne

$$Ge^{K+St}\left\{tS^2+P\frac{dK}{ds}+tP\frac{dS}{ds}+Q\right\}=0,$$

équation à laquelle on satisfait en posant

$$S^2+P\frac{dS}{ds}=0,$$

$$P\frac{dK}{ds}+Q=0,$$

intégrant ces équations nous aurons ;

$$S=\frac{1}{u+\int\frac{ds}{P}},$$

$$K=-\int\frac{Qds}{P},$$

ces valeurs substituées dans l'expression de z donnent pour intégrale

$$z=e^{-\int\frac{Qds}{P}}Ge^{\frac{t}{u+\int\frac{ds}{P}}}.$$

on pourra effectuer la généralisation à l'aide de la formule (7) du § **25**.

§ **94**. — *Intégration de l'équation*

$$\frac{d^2z}{dt^2}+P\frac{d^2z}{dsdt}-Qtz=0,$$

P *et* Q *étant des fonctions de s.*

En posant

$$z=Ge^{K+St},$$

nous pourrons écrire l'équation sous la forme

$$Ge^{K+St}\left\{S^2+P\frac{dK}{ds}+P\frac{dS}{ds}+t\left(P\frac{dS}{ds}-Q\right)\right\}=0,$$

équation à laquelle on satisfait en posant

$$P\frac{dS}{ds}-Q=0,$$

$$S^2+P\frac{dK}{ds}+P\frac{dS}{ds}=0,$$

intégrant ces équations nous aurons

$$S = u + \int \frac{Q ds}{P},$$

$$K = -\int \frac{Q ds}{P} - \int \left[\int \frac{Q ds}{P}\right]^2 \frac{ds}{P} - 2u \int \left(\int \frac{Q ds}{P}\right) \frac{ds}{P} - u^2 \int \frac{ds}{P},$$

en mettant ces valeurs dans l'expression de z et en généralisant nous obtiendrons comme intégrale

$$z = e^{(t-1)\int \frac{Q ds}{P} - \int \left(\int \frac{Q ds}{P}\right)^2 \frac{dS}{P}} \int_{-\infty}^{\infty} e^{-\omega^2} \varphi\left(t - 2\int \left(\int \frac{Q ds}{P}\right) \frac{ds}{P} + \right.$$

$$\left. + 2\sqrt{\int \frac{ds}{P}}\, \omega\sqrt{-1}\right) d\omega.$$

§ **95**. — *Proposons-nous d'intégrer l'équation aux différentielles partielles*

$$(1) \qquad \frac{d^2 z}{ds dt} = \theta(s)\chi(t) z.$$

Posons à cet effet

$$(2) \qquad z = G e^{u(S + T)},$$

S étant une fonction de s et u et T une fonction de t et u.

Nous en déduirons

$$z = G e^{u(S + T)} \left\{ u^2 \frac{dS}{ds} \frac{dT}{dt} - \theta(s)\chi(t) \right\},$$

équation qui sera satisfaite, si nous posons

$$(3) \qquad \frac{dS}{ds} \frac{dT}{dt} = \frac{\theta(s)\chi(t)}{u^2},$$

on déduit de cette relation les équations suivantes

$$(4) \qquad \frac{dS}{ds} = \frac{\theta(s)}{u^2} \qquad \frac{dT}{dt} = \chi(t),$$

$$(5) \qquad \frac{dS}{ds} = \theta(s) \qquad \frac{dT}{dt} = \frac{\chi(t)}{u^2},$$

$$(6) \qquad \frac{dS}{ds} = \frac{\theta(s)}{u} \qquad \frac{dT}{dt} = \frac{\chi(t)}{u},$$

le système (4) nous donne

$$S = \frac{1}{u^2} \int \theta(s) ds \qquad T = \int \chi(t) dt,$$

par suite la valeur de z sera exprimée par

$$z = Ge^{u\int\chi(t)dt + \frac{1}{u}\int\theta(s)ds},$$

et, en effectuant la généralisation nous aurons l'intégrale particulière

$$(7) \quad z = \varphi\left(\int\chi(t)dt\right) - \frac{2}{\pi}\int_0^\infty\int_0^\infty \sin\frac{\int\theta(s)ds}{h}\sin hv\varphi\left(\int\chi(t)dt + v\right)dvdh,$$

le système (5) nous donne

$$z = e^{u\int\theta(s)ds + \frac{1}{u}\int\chi(t)dt},$$

et en effectuant la généralisation nous trouverons

$$(8) \quad z = \Psi\left(\int\theta(s)ds\right) - \frac{2}{\pi}\int_0^\infty\int_0^\infty \sin\frac{\int\chi(t)dt}{h}\sin hv\Psi\left(\int\theta(s)ds + v\right)dvdh,$$

à l'aide de ces deux intégrales (7) et (8) nous aurons pour l'intégrale complète de l'équation (1)

$$(9) \quad \left\{\begin{aligned} z &= \varphi\left(\int\chi(t)dt\right) + \Psi\left(\int\theta(s)ds\right) - \\ &-\frac{2}{\pi}\int_0^\infty\int_0^\infty \sin hv\left\{\sin\frac{\int\theta(s)ds}{h}\varphi\left(\int\chi(t)dt + v\right) + \right. \\ &\left. + \sin\frac{\int\chi(t)dt}{h}\Psi\left(\int\theta(s)ds + v\right)\right\}dvdh, \end{aligned}\right.$$

φ et Ψ représentant deux fonctions arbitraires

Si nous n'avons pas tenu compte du système (6) c'est que, dans ce cas, la valeur de z est exprimée par

$$z = Ge^{\int\theta(s)ds + \int\chi(t)dt} = Ce^{\int\theta(s)ds + \int\chi(t)dt},$$

qui, ne contenant aucune fonction arbitraire, n'est plus qu'une solution particulière

§ **96.** — *Intégration de l'équation*

$$(1) \quad \frac{d^n z}{dt^n} = \frac{\varphi(s)}{t}\frac{dz}{ds} + az.$$

Il suffit de poser

$$(2) \quad z = Ge^{St},$$

en substituant cette valeur dans l'équation proposée on en déduit

$$Ge^{St}\left(S^n - \varphi(s)\frac{dS}{ds} - a\right) = 0,$$

nous aurons ainsi pour déterminer S l'équation

$$\int \frac{dS}{S^n - a} = \int \frac{ds}{\varphi(s)}, \tag{3}$$

l'intégration de cette équation donnera la valeur de S avec une constante arbitraire ; cette valeur, mise dans l'équation (2) donnera, en généralisant par rapport à cette constante, une intégrale de l'équation proposée avec une fonction arbitraire

Cas particuliers

Soit $n = 1$; l'équation (1) se réduit à :

$$\frac{dz}{dt} = \frac{\varphi(s)}{t}\frac{dz}{ds} + az, \tag{4}$$

l'équation (3) intégrée donne

$$S = a + u\int \frac{ds}{\varphi(s)},$$

nous aurons donc à l'aide de l'équation (2)

$$z = \mathrm{G}e^{at + ut\int \frac{ds}{\varphi(s)}} = e^{at}\Psi\left(t\int \frac{ds}{\varphi(s)}\right), \tag{5}$$

comme intégrale de l'équation (4).

Soit en second lieu $n = 2$; l'équation (1) pourra s'écrire :

$$\frac{d^2z}{dt^2} = \frac{\varphi(s)}{t}\frac{dz}{dt} + a^2z, \tag{6}$$

l'équation (3) intégrée donne

$$S = \left(\frac{1 + ue^{2a\int \frac{ds}{\varphi(s)}}}{1 - ue^{2a\int \frac{ds}{\varphi(s)}}}\right),$$

nous aurons à l'aide de l'égalité (2)

$$z = \mathrm{G}e^{at\left(\frac{1 + ue^{2a\int \frac{ds}{\varphi(s)}}}{1 - ue^{2a\int \frac{ds}{\varphi(s)}}}\right)},$$

et en effectuant la généralisation

$$\left\{\begin{aligned} z = e^{at}\Bigg[\chi(o) - \frac{1}{\pi\sqrt{-1}}\int_0^\infty\int_0^\infty e^{ve^{-2a\int \frac{ds}{\varphi(s)}}} \sin hv \times \\ \Big\{\chi\left(-v + \frac{2a}{h}\sqrt{-1}\right) - \chi\left(-v - \frac{2a}{h}\sqrt{-1}\right)\Big\}\, dvdh\Bigg]. \end{aligned}\right. \tag{7}$$

Si l'on remarque que l'équation (6) ne change pas en faisant $a = -a$, nous aurons une seconde intégrale

$$(8) \left\{ \begin{aligned} & z = e^{-at}\left[\Psi(o) - \frac{1}{\pi\sqrt{-1}}\int_0^\infty\int_0^\infty e^{ve^{2a\int\frac{ds}{\varphi(s)}}} \sin hv \times \right. \\ & \left. \left\{ \Psi\left(-v - \frac{2a}{h}\sqrt{-1}\right) - \Psi\left(-v + \frac{2a}{h}\sqrt{-1}\right) \right\} dvdh \right]. \end{aligned} \right.$$

La somme de ces deux intégrales (7) et (8) donnera l'intégrale complète de l'équation proposée.

§ **97.** — Le même procédé peut quelquefois conduire à l'intégration de certaines équations linéaires aux différences mêlées avec coefficients variables.

Soit l'équation

$$t\Delta_t z + Q\frac{dz}{ds} + Rtz = 0.$$

En désignant par k une fonction inconnue de s, posons comme intégrale

$$z = Ge^{kt},$$

En substituant cette valeur dans l'équation proposée, nous obtiendrons, en admettant que h est l'accroissement fini de t

$$Ge^{kt}t\left\{Q\frac{dk}{ds} + R + e^{hk} - 1\right\} = 0$$

équation à laquelle on satisfait en posant :

$$Q\frac{dk}{ds} + R + e^{hk} - 1 = 0.$$

Si nous posons $e^{hk} = v$, nous obtiendrons :

$$\frac{dv}{ds} - \frac{h(1-R)}{Q}v + \frac{h}{Q}v^2 = 0,$$

intégrant cette équation, nous aurons, en désignant par u la constante arbitraire que nous considérerons comme variable de généralisation

$$v = \frac{e^{h\int\frac{R-1}{Q}ds}}{u - h\int\frac{e^{h\int\frac{R-1}{Q}ds}}{Q}ds}$$

il en résultera

$$z = Ge^{kt} = Ge^{\log v\,\frac{t}{h}} = Gv^{\frac{t}{h}} = G\frac{e^{t\int\frac{R-1}{Q}ds}}{\left(u - h\int\frac{e^{h\int\frac{R-1}{Q}ds}}{Q}ds\right)^{\frac{h}{t}}}$$

effectuant la généralisation, nous obtiendrons comme intégrale générale de l'équation proposée

$$z = \frac{e^{t\int\frac{R-1}{Q}ds}}{\Gamma\left(\frac{t}{h}\right)} \int_0^\infty e^{-h\omega\int\frac{e^{h\int\frac{R-1}{Q}ds}}{Q}ds}\, \omega^{\frac{t}{h}-1}\, \varphi(\omega)d\omega$$

§ 98. — *Intégration de l'équation*

$$\frac{d^2z}{dt^2} = K\frac{dz}{ds} + H\frac{dz}{dp}$$

dans laquelle K *et* H *sont respectivement des fonctions des variables s et p.*

Posons comme intégrale

$$z = Ge^{Vt + Su + Pv}$$

V étant une fonction de u, S une fonction de s et v, et P une fonction de p, u et v.

Nous aurons, en substituant cette valeur dans l'équation proposée

$$Ge^{Vt + Su + Pv}\left(V^2 - K\frac{dS}{ds}u - H\frac{dP}{dp}v\right) = 0,$$

relation à laquelle on satisfait en donnant à V, S et P des valeurs telles que l'on ait :

$$V^2 - K\frac{dS}{ds}u - H\frac{dP}{dp}v = 0.$$

Si nous posons

$$V = u \qquad K\frac{dS}{ds} = 2v \qquad H\frac{dP}{dp} = -\frac{u^2}{v}$$

l'équation précédente se réduit à :

$$(u - v)^2 = 0$$

à laquelle on satisfait en posant $v = u$, nous aurons ainsi

$$V = u \qquad S = 2v\int\frac{ds}{K} \qquad P = -\frac{u^2}{v}\int\frac{dp}{H}$$

à l'aide de ces valeurs, nous aurons pour z

$$z = Ge^{ut + \left(2\int\frac{ds}{K} - \int\frac{dp}{H}\right)u^2}$$

et par conséquent, en généralisant et en remarquant qu'on peut changer le signe de t sans que l'équation change

$$z = \int_{-\infty}^{\infty}\int_{-\infty}^{\infty} e^{-\omega^2}\left\{\varphi\left(t + 2\omega\sqrt{2\int\frac{ds}{K} - \int\frac{dp}{H}}\right) + \right.$$

$$\left. + \Psi\left(t - 2\omega\sqrt{2\int\frac{ds}{K} - \int\frac{dp}{H}}\right)\right\} d\omega,$$

φ et Ψ étant deux fonctions arbitraires

§ **99**. — *Considérons encore l'équation*

$$\Delta t^2 z + Pt\Delta_t z + Q\frac{dz}{ds} + Rtz = 0,$$

dans laquelle P,Q et R sont des fonctions de la seule variable s.

Posons comme intégrale de cette équation

$$z = Ge^{kt}H, \tag{1}$$

K et H étant deux fonctions indéterminées de s et u : nous en déduirons en désignant par h l'accroissement fini que reçoit t :

$$\Delta_t z = Ge^{kt}H(e^{hk} - 1),$$
$$\Delta_t^2 z = Ge^{kt}H(e^{hk} - 1)^2,$$
$$\frac{dz}{ds} = Ge^{kt}\left\{\frac{dH}{ds} + tH\frac{dK}{ds}\right\},$$

nous pourrons ainsi écrire l'équation proposée sous la forme

$$Ge^{kt}\left\{Q\frac{dH}{ds} + H(e^{hk} - 1)^2 + Ht\left(Q\frac{dK}{ds} + P(e^{hk} - 1) + R\right)\right\} = 0,$$

équation à laquelle on satisfait en déterminant H et K à l'aide des deux relations

$$Q\frac{dH}{ds} + H(e^{hk} - 1)^2 = 0, \tag{2}$$

$$Q\frac{dK}{ds} + P(e^{hk} - 1) + R = 0. \tag{3}$$

Pour intégrer cette dernière équation, il suffit de poser

$$e^{hk} = v, \tag{4}$$

nous en déduirons

$$\frac{dv}{ds} + \frac{h(R - P)}{Q} + \frac{hP}{Q}v^2 = 0, \tag{5}$$

qui a pour intégrale, en désignant par u la constante arbitraire que nous prendrons comme variable de généralisation

$$v = \frac{e^{h\int\frac{P-R}{Q}ds}}{u - h\int\frac{P}{Q}e^{h\int\frac{P-R}{Q}ds}ds},$$

nous aurons ainsi à l'aide de la relation (4)

$$K = \frac{1}{h}\log\frac{e^{h\int\frac{P-R}{Q}ds}}{u - h\int\frac{P}{Q}e^{h\int\frac{P-R}{Q}ds}ds},$$

cette valeur, mise dans l'équation (3), donnera

$$Q\frac{dH}{ds}+H\left(\frac{e^{h\int\frac{P-R}{Q}ds}}{u-h\int\frac{P}{Q}e^{h\int\frac{P-R}{Q}ds}ds}\right)^2,$$

intégrant cette équation, nous obtiendrons

$$H=e^{-\int\frac{1}{Q}\left(\frac{e^{h\int\frac{P-R}{Q}ds}}{u-h\int\frac{P}{Q}e^{-h\int\frac{P-R}{Q}ds}ds}\right)^2ds},$$

à l'aide de ces formules qui déterminent les valeurs de K et H l'égalité (1) pourra s'écrire

$$z=G\frac{e^{t\int\frac{P-R}{Q}ds}}{\left(u-h\int\frac{P}{Q}e^{\int\frac{P-R}{Q}ds}ds\right)^{\frac{t}{h}}}e^{-\int\frac{1}{Q}\left(\frac{e^{h\int\frac{P-R}{Q}ds}}{u-h\int\frac{P}{Q}e^{h\int\frac{P-R}{Q}ds}ds}-1\right)^2ds},$$

la généralisation de cette expression donnera une intégrale de l'équation proposée avec une fonction arbitraire.

§ **100.** — Quelquefois il est possible de déterminer l'intégrale de certaines équations aux différentielles partielles avec coefficients variables, en cherchant à quelles équations peut satisfaire une expression donnée.

Supposons qu'en désignant par T une fonction de la seule variable t et par S une fonction de la seule variable s, nous posions :

(1) $$z=Ge^{(t+aS)u}(T+Su),$$

nous en déduirons en supposant

(2) $$\left\{\begin{aligned}&0=a^2+P,\\&0=2a\frac{dS}{ds}+Ta^2+QS+PT+RSa,\\&0=\frac{d^2S}{ds^2}+R\frac{dS}{ds}+2P\frac{dT}{dt}+QT+LS+RTa,\\&0=P\frac{d^2T}{dt}+R\frac{dT}{dt}+LT,\end{aligned}\right.$$

l'équation

$$\frac{d^2z}{ds^2}+P\frac{d^2z}{dt^2}+Q\frac{dz}{ds}+Lz=0.$$

Si nous déterminons les valeurs de P, Q, R, L, T et S de sorte que les équations (2) soient satisfaites, la valeur de z donnée par la formule (1) satisfera à l'équation (3) et déterminera une intégrale de cette équation.

Or, ces équations sont satisfaites :

1° en posant

$$P = -a^2 \quad Q = 0 \quad R = 0 \quad L = \frac{2a^2}{t^2} \quad T = \frac{1}{t} \text{ et } S = -1,$$

nous aurons donc que l'expression

$$z = \frac{1}{t} Ge^{(t+as)u} - Gue^{(t+as)u} = \frac{1}{t} \varphi(t+as) - \varphi'(t-as),$$

est une intégrale de l'équation

$$(4) \qquad \frac{d^2z}{ds} - a^2 \frac{d^2z}{dt^2} + \frac{2a^2}{t^2} z = 0.$$

Comme d'ailleurs cette équation ne change pas avec le signe de a, nous aurons une seconde intégrale

$$z = \frac{1}{t} \Psi(t-as) - \Psi'(t-as),$$

par conséquent l'intégrale complète de l'équation (4) sera exprimée par

$$(5) \quad z = \frac{1}{t} \left\{ \varphi(t+as) + \Psi(t-as) \right\} - \left\{ \varphi'(t+as) + \Psi'(t-as) \right\},$$

2° en posant

$$P = -a^2, \quad Q = 0, \quad R = -\frac{2}{s}, \quad L = 0, \quad T = 1, \quad S = -as,$$

nous aurons de même que l'expression

$$z = Ge^{(t+as)u}(1 - asu) = \varphi(t+as) - a\varphi'(t+as),$$

satisfait à l'équation

$$(6) \qquad \frac{d^2z}{ds^2} - a \frac{d^2z}{dt^2} - \frac{2}{s} \frac{dz}{ds} = 0,$$

en changeant a en $-a$ nous aurons comme intégrale complète de cette équation

$$(7) \quad z = \varphi(t+as) + \Psi(t-as) - as \left\{ \varphi'(t+as) - \Psi'(t-as) \right\},$$

ces intégrales (5) et (7) ont été données par Lacroix (calcul diff. et intég. §§ **783** et **790**).

CHAPITRE XIX

—

INTÉGRATION DE QUELQUES ÉQUATIONS AUX DIFFÉRENCES MÊLÉES

101. — L'intégration des équations aux différences mêlées a jusqu'ici été peu étudiée, soit à cause de ses applications peu nombreuses, soit à cause des difficultés qu'elle présente. Le calcul des généralisation nous a paru devoir faciliter cette recherche, particulièrement pour les équations linéaires et à coefficients constants ; nous allons le reconnaître en examinant l'intégration de plusieurs équations.

Soit l'équation

$$(1) \qquad \frac{d^2\varphi(x,y)}{dxdy} + \varphi(x+1, y+1) = \frac{d}{dy}\varphi(x, y+1) + \frac{d}{dx}\varphi(x+1, y),$$

en posant comme intégrale

$$(2) \qquad \varphi(x, y) = \mathrm{G}e^{xu + yv},$$

nous aurons comme équation caractéristique $uv + e^{u+v} - ve^{v} - ue^{u} = 0$, qu'on peut écrire

$$(e^{v} - u)(e^{u} - v) = 0,$$

cette équation n'admet, entre les variables de généralisation, que les quatre relations suivantes

$$e^{u} = v \qquad e^{v} = u \qquad u = e^{v} \qquad v = e^{u},$$

nous aurons donc, à l'aide de l'expression (2), les intégrales générales

$$\varphi(x, y) = \mathrm{G}v^{x}e^{yv} = \frac{d^{x}}{dy^{x}}\Psi(y),$$

$$\varphi(x, y) = \mathrm{G}u^{y}e^{xu} = \frac{d^{y}}{dx^{y}}\theta(x),$$

$$\varphi(x, y) = \mathrm{G}e^{yv + xe^{v}} = \sum_{n=0}^{n=\infty} \frac{x^{n}}{\Gamma(n+1)}\chi(y+n),$$

$$\varphi(x, y) = \mathrm{G}e^{xu + ye^{u}} = \sum_{n=0}^{n=\infty} \frac{y^{n}}{\Gamma(n+1)}\xi(x+n)$$

en reconnaissant que ces expressions sont différentes entre elles, l'intégrale renfermera quatre fonctions arbitraires Ψ, θ, χ et ξ et sera exprimée par

$$\varphi(x, y) = \frac{d^x}{dy^x}\Psi(y) + \frac{dy}{dx^y}\theta(x) + \sum_{n=0}^{n=\infty}\frac{x^n\chi(y+n)+y^n\xi(x+n)}{\Gamma(n+1)},$$

on vérifie facilement l'exactitude de cette intégrale.

§ **102.** — *Proposons-nous d'intégrer l'équation*

$$(1) \qquad \frac{d^n\varphi(x)}{dx^n} = \varphi(x+a).$$

Si nous posons

$$(2) \qquad \varphi(x) = \mathrm{G}e^{xu},$$

nous aurons, pour déterminer u, l'équation caractéristique

$$(3) \qquad e^{au} = u^n.$$

S'il était possible de déterminer toutes les racines de cette équation, chacune de ces racines, substituée dans l'expression (2), donnait une intégrale de l'équation proposée ; si donc on désigne par u_m une des racines de cette équation, nous aurons comme intégrale de l'équation proposée

$$\varphi(x) = \mathrm{G}e^{xu_m} = \mathrm{C}_m e^{xu_m},$$

et par suite l'intégrale complète sera exprimée par

$$\varphi(x) = \sum \mathrm{C}_m e^{xu_m},$$

le signe Σ s'étendant à toutes les racines de l'équation (3) dont le nombre est infini.

Afin d'éviter la résolution de cette équation nous allons chercher à déterminer l'intégrale sous une autre forme ; écrivons l'équation (3) de la manière suivante $e^u = u^{\frac{n}{a}}$, cette valeur substituée dans l'identité (2) donne pour $\varphi(x)$ en généralisant

$$(4) \qquad \varphi(x) = \mathrm{G}u^{\frac{nx}{a}} = \frac{d^{\frac{nx}{a}}}{dx^{\frac{nx}{a}}}\Psi(x),$$

$\Psi(x)$ représentant une fonction quelconque arbitraire, par conséquent, plus générale que celle qui convient à l'intégrale de l'équation proposée.

Pour reconnaître la restriction qu'on doit apporter à cette fonction, substituons cette valeur de $\varphi(x)$ dans l'équation (1) nous obtiendrons ainsi

$$\frac{d^{\frac{nx}{a}+n}}{dx^{\frac{nx}{a}+n}}\Psi(x) = \frac{d^{\frac{nx}{a}+n}}{dx^{\frac{nx}{a}+n}}\Psi(x+a),$$

équation qui montre que la fonction arbitraire $\Psi(x)$ doit être une fonction périodique dont la valeur est la même pour x et $x + a$. L'équation (4) représente donc l'intégrale de l'équation proposée avec la restriction que nous venons de reconnaître pour la fonction arbitraire $\Psi(x)$.

§ **103.** — *Soit proposé de déterminer l'intégrale de l'équation aux différences mêlées.*

$$(1) \qquad \varphi(x+1, y+1) - \frac{d}{dy}\varphi(x, y) = \mathrm{F}(x, y),$$

dans laquelle $\mathrm{F}(x, y)$ *est une fonction donnée.*

Si nous admettons, en premier lieu, que le second membre soit nul de sorte que

$$(2) \qquad \varphi(x+1, y+1) - \frac{d}{dy}\varphi(x, y) = 0,$$

en posant

$$(3) \qquad \varphi(x, y) = \mathrm{G}e^{xu+yv},$$

nous aurons entre les variables de généralisation la relation

$$(4) \qquad e^{u+v} - v = 0,$$

nous déduirons de cette équation $v^u = ve^{-v}$. La substitution de cette valeur dans l'expression (3) nous donnera

$$\varphi(x, y) = \mathrm{G}v^x e^{(y-x)v},$$

et en effectuant la généralisation

$$(5) \qquad \varphi(x, y) = \frac{d^x}{dy^x}\chi(y - x),$$

χ désignant une fonction arbitraire ; c'est une intégrale de l'équation (2) comme il est d'ailleurs facile de le vérifier.

S'il était possible de déduire de l'équation (4) la valeur de e^v en fonction de u, on obtiendrait une seconde intégrale; mais comme l'équation ne se prête pas à cette détermination, nous allons, par un procédé indirect, parvenir à une intégrale ayant une nouvelle forme,

En résolvant l'équation (4) par rapport à e^v en fonction de u et v nous aurons

$$e^v = ve^{-u},$$

en mettant cette valeur dans l'identité (3) il en résultera

$$\varphi(x, y) = \mathrm{G}v^y e^{(x-y)u}.$$

Cela posé, il est facile de comprendre que, si nous généralisons le second membre de cette identité comme une fonction de deux variables, nous obtiendrons une valeur dans laquelle la fonction arbitraire introduite par le calcul sera plus générale que celle que l'on aurait obtenue si le second membre n'avait contenu que la seule variable u :

En effectuant la généralisation par facteurs de la valeur précédente nous aurons

$$\varphi(x, y) = \frac{d^y}{dy^y}\,\theta(x-y), \tag{6}$$

θ désignant une nouvelle fonction arbitraire.

Pour connaître la restriction que nous devons apporter à cette fonction $\theta(x-y)$, remplaçons dans l'équation (2) $\varphi(x, y)$ par cette valeur : nous obtiendrons une identité, ce qui montre que cette expression est une intégrale sans apporter aucune modification à la fonction θ.

Pour déterminer si cette seconde intégrale est différente de la première donnée par l'égalité (5) posons

$$\frac{d^x}{dy^x}\,\chi(y-x) = \frac{d^y}{dy^y}\,\theta(x-y),$$

en faisant $y = x + \omega$ il en résultera

$$\frac{d^x}{dy^x}\,\chi(\omega) = \frac{d^{x+\omega}}{dy^{x+\omega}}\,\theta(-\omega) = \frac{d^x}{dy^x}\left(\frac{d^\omega}{dy^\omega}\,\theta(-\omega)\right),$$

et par conséquent

$$\chi(\omega) = \frac{d^\omega}{dy^\omega}\,\theta(-\omega) \text{ ou } \chi(y-x) = \frac{d^{y-x}}{d(y-x)^{y-x}}\,\theta(x-y),$$

égalité qui montre que les deux intégrales (5) et (6) sont les mêmes,

Pour obtenir l'intégrale de l'équation (1) avec son second membre, nous déterminerons une intégrale particulière de cette équation par le procédé déjà employé et nous aurons

$$\varphi(x,y) = \frac{d^x}{dy^x}\,\chi(y-x) + \sum_{n=0}^{n=\infty}\int_0^\infty \frac{(-1)t^n}{\Gamma(1+n)}\,\mathrm{F}(x+n, y+t+n)dt,$$

comme intégrale complète de l'équation proposée.

§ **104.** — *Proposons-nous d'intégrer l'équation,*

$$\frac{d}{dx}\,\varphi(x, y+1) = \frac{d}{dy}\,\varphi(x, y). \tag{1}$$

Si nous posons

$$\varphi(x, y) = \mathrm{G}e^{xu + yv},$$

nous aurons comme équation caractéristique

$$(2) \qquad ue^{v} = v,$$

équation qu'on peut résoudre par rapport à u ; nous trouvons $u = ve^{-v}$ et par suite l'intégrale

$$\varphi(x,y) = \mathrm{G}e^{yv + xve^{-v}} = \sum_{n=0}^{n=\infty} \frac{x^n}{\Gamma(n+1)} \frac{d^n}{dy^n} \Psi(y-n),$$

Ψ désignant une fonction arbitraire

Pour compléter l'intégrale il faut encore résoudre l'équation (2) par rapport à v en fonction de u ; mais vu l'impossibilité de le faire, écrivons cette équation sous la forme

$$e^{v} = \frac{v}{u},$$

nous aurons ainsi pour l'expression de $\varphi(x, y)$

$$\varphi(x,y) = \mathrm{G}\left(\frac{v}{u}\right)^{y} e^{xu} = \frac{d^y}{dy^y}\left[\int^{y} \theta(x)dx^{y}\right],$$

en substituant cette valeur dans l'équation proposée afin de reconnaître la restriction que nous devons apporter à la fonction arbitraire $\theta(x)$ on trouve que l'équation est vérifiée ; nous aurons donc comme intégrale complète

$$\varphi(x,y) = \frac{d^y}{dy^y}\left[\int^{y} \theta(x)dx^{y}\right] + \sum_{n=0}^{n=\infty} \frac{x^n}{\Gamma(n+1)} \frac{d^n}{dy^n} \Psi(y-n).$$

§ 105. — Paoli s'est occupé de l'équation aux différences mêlées

$$(1) \qquad \varphi(x+1, y) - \frac{d}{dy}\varphi(x, y) = \mathrm{F}(x, y),$$

$\mathrm{F}(x, y)$ désignant une fonction connue.

Il a donné comme intégrale de cette équation

$$(2) \qquad \varphi(x, y) = \frac{d^x\Psi(y)}{dy^x} + \sum \frac{d^n}{dy^n} \mathrm{F}(x-n-1, y),$$

pourvu que l'on renferme l'intégrale Σ entre les limites $n=0$ et $n=x+1$.

Nous allons chercher à déterminer l'intégrale de cette même équation par la généralisation.

Si nous considérons le second membre comme nul, en écrivant

$$\varphi(x+1, y) - \frac{d}{dy}\varphi(x,y) = 0, \tag{3}$$

nous aurons en posant

$$\varphi(x, y) = \text{G}e^{xu + yv}, \tag{4}$$

l'équation caractéristique

$$e^u - v = 0,$$

à laquelle on satisfait en posant $e^u = v$ et $v = e^u$.

Ces valeurs, mises dans l'expression (4), donnent successivement

$$\varphi(x, y) = \text{G}e^{yv}v^x = \frac{d^x}{dy^x}\Psi(y),$$

$$\varphi(x,y) = \text{G}e^{xu + ye^u} = \sum_{n=0}^{n=\infty} \frac{y^n}{\Gamma(n+1)}\theta(x+n),$$

nous aurons ainsi pour l'intégrale de l'équation (3)

$$\varphi(x,y) = \frac{d^x}{dy^x}\Psi(y) + \sum_{n=0}^{n=\infty} \frac{y^n}{\Gamma(n+1)}\theta(x+n), \tag{5}$$

Ψ et θ représentant deux fonctions arbitraires.

Pour déterminer une intégrale particulière de l'équation (1) avec un second membre, nous poserons

$$\varphi(x, y) = \text{G}e^{xu + yv}, \qquad \text{F}(x, y) = \text{G}e^{xu' + yv'},$$

il en résultera l'équation symbolique

$$\text{G}e^{xu + yv}(e^u - v) = \text{G}e^{xu' + yv'},$$

dont on déduit

$$\text{G}e^{xu + yv} = \text{G}\,\frac{e^{xu' + yv'}}{e^{u'} - v'},$$

effectuant la généralisation nous aurons

$$\varphi(x, y) = \sum_{n=1}^{n=\infty} \frac{d^{n-1}}{dy^{n-1}}\text{F}(x-n, y). \tag{6}$$

Par conséquent, l'intégrale complète de l'équation proposée sera exprimée par la somme des valeurs données par les formules (5) et (6). On obtient ainsi :

$$\varphi(x, y) = \frac{d^x \Psi(y)}{dy^x} + \sum_{n=0}^{n=\infty} \frac{y^n}{\Gamma(n+1)} \theta(x+n) + \sum_{n=1}^{n=\infty} \frac{d^{n-1}}{dy^{n-1}} F(x+n, y),$$

on peut reconnaître, à l'aide de cette formule, que l'intégrale obtenue par Paoli ne peut être considérée comme l'intégrale complète de l'équation proposée.

Bien que l'intégrale $\sum \frac{d^{n-1}}{dy^{n-1}} F(x+n, y)$ s'étendent de 1 à l'infini, on peut la limiter à $n = x$ parce que la portion que l'on néglige dans ce cas étant

$$\frac{d^n}{dy^n} F(-1, y) + \frac{d^{n+1}}{dy^{n+1}} F(-2, y) + \ldots$$

peut être considérée comme comprise dans $\frac{d^x}{dy^x} \Psi(y)$, Ψ étant une fonction arbitraire.

§ **106**. — Donnons plus de généralité à l'équation de Paoli et soit proposée l'équation

$$(1) \qquad \frac{d^n \varphi(x, y)}{dy^n} - \varphi(x+a, y) = F(x, y),$$

supposons le second membre nul, et, cherchons l'intégrale de l'équation

$$(2) \qquad \frac{d^n \varphi(x, y)}{dy^n} - \varphi(x+a, y) = 0.$$

Posons à cet effet ;

$$(3) \qquad \varphi(x, y) = G e^{xu + yv},$$

en substituant cette valeur dans l'équation nous aurons l'équation caractéristique

$$v^n - e^{au} = 0,$$

équation qui, résolue par rapport à v donne

$$v = e^{\frac{2k\pi}{n}\sqrt{-1} + \frac{a}{n}u},$$

expression dans laquelle on donnera k toutes les valeurs 0, 1, 2,... $(n-1)$

Cette valeur mise dans l'expression (3) donne

$$(5)\quad \left\{\begin{aligned} &\varphi(x, y) = \mathrm{G}e^{xu + ye^{\frac{2k\pi}{n}\sqrt{-1}}e^{\frac{a}{n}u}} = \\ &= \sum_{k=0}^{k=n-1}\sum_{p=0}^{p=\infty} \frac{y^p e^{p\frac{2k\pi}{n}\sqrt{-1}}}{\Gamma(p+1)}\Psi_k\left(x + \frac{ap}{n}\right), \end{aligned}\right.$$

cette intégrale renferme n fonctions arbitraires.

Si maintenant nous résolvons l'équation (4) par rapport à e^u nous aurons :

$$e^u = v^{\frac{n}{a}} e^{\frac{2h\pi}{a}\sqrt{-1}},$$

expression dans laquelle h recevra toutes les valeurs $0, 1, 2, \ldots a - 1$.

Cette valeur mise dans l'identité (3) donne

$$\varphi(x, y) = e^{\frac{2h\pi x}{a}\sqrt{-1}}\mathrm{G}v^{\frac{nx}{a}}e^{yv},$$

effectuant la généralisation

$$(6)\qquad \varphi(x, y) = \sum_{h=0}^{h=a-1} e^{\frac{2h\pi x}{a}\sqrt{-1}} \frac{d^{\frac{nx}{a}}\theta_p(u)}{dy^{\frac{nx}{a}}}.$$

Cette nouvelle intégrale de l'équation (2) renferme a fonctions arbitraires.

Pour obtenir l'intégrale de l'équation (1) il faut encore déterminer l'intégrale particulière avec le second membre.

Pour cela nous poserons $\varphi(x, y) = \mathrm{G}e^{xu + yv}$ et $(\mathrm{F}x, y) = \mathrm{G}e^{xu' + yv}$ nous aurons par conséquent

$$\mathrm{G}e^{xu + yv}(v^n - e^{au}) = \mathrm{G}e^{xu' + yv'},$$

dont on déduit

$$(7)\quad \varphi(x, y) = \mathrm{G}e^{xu + yv} = -\mathrm{G}\frac{e^{xu' + yv'}}{e^{au'} - v'^n} = -\sum_{m=0}^{m=\infty}\frac{d^{mn}}{dy^{mn}}\mathrm{F}(x - (m+1)a, y),$$

comme conséquence de ces formules (5) (6) et (7) nous aurons que l'intégrale complète de l'équation proposée sera exprimée par leur somme et renfermera par conséquent $n + a$ fonctions arbitraires.

§ **107.** — *Intégration de l'équation.*

$$(1)\qquad \frac{d\varphi(x+1, y)}{dx} - \frac{d^2\varphi(x, y)}{dy^2} = \mathrm{F}(x, y).$$

En supposant le second membre nul, nous aurons

$$(2)\qquad \frac{d\varphi(x+1, y)}{dx} - \frac{d^2\varphi(x, y)}{dy} = 0,$$

et en posant :

(3) $$\varphi(x, y) = \mathrm{G}e^{xu + yv},$$

il en résultera la relation

(4) $$ue^{u} - v^{2} = 0$$

résolvant cette équation par rapport à v en fonction de u nous aurons les deux solutions

$$v = \sqrt{u}e^{\frac{u}{2}} \quad v = -\sqrt{u}e^{\frac{u}{2}},$$

par suite l'expression (3) nous donnera les deux intégrales

$$\varphi(x, y) = \mathrm{G}e^{xu + y\sqrt{u}e^{\frac{u}{2}}} \quad \varphi(x, y) = \mathrm{G}e^{xu - y\sqrt{u}e^{\frac{u}{2}}}.$$

Pour éviter la présence d'un radical dans ces expressions qu'on doit généraliser, il suffit d'y remplacer u par u^2, nous aurons ainsi :

(5) $$\left\{\begin{aligned} &\varphi(x, y) = \mathrm{G}e^{xu^2 + yue^{\frac{u^2}{2}}} = \\ &= \sum_{n=0}^{n=\infty} \frac{y^n}{\Gamma(n+1)} \int_{-\infty}^{\infty}\int_{-\infty}^{\infty} e^{-\omega^2 - t^2}\psi^{(n)}(2\sqrt{x}t + 2\sqrt{2n}\omega)dtd\omega, \end{aligned}\right.$$

(6) $$\left\{\begin{aligned} &\varphi(x, y) = \mathrm{G}e^{xu^2 - yue^{\frac{u}{2}}} = \\ &= \sum_{n=0}^{n=\infty} \frac{(-1)^n y^n}{\Gamma(n+1)} \int_{-\infty}^{\infty}\int_{-\infty}^{\infty} e^{-\omega^2 - t^2}\chi^{(n)}(2\sqrt{x}t + 2\sqrt{2n}\omega)dtd\omega, \end{aligned}\right.$$

ψ et χ représentant deux fonctions arbitraires.

La somme de ces deux intégrales ne suffit pas pour déterminer l'intégrale complète de l'équation (2) ; il faut encore résoudre l'équation (4) par rapport à u en fonction de v.

La difficulté de cette résolution nous oblige à procéder comme nous l'avons fait dans des cas précédents, en déterminant la valeur de e^u en fonction de v et u, nous obtiendrons ainsi :

$$e^{u} = \frac{v^2}{u},$$

par suite l'identité (3) nous donne la nouvelle intégrale

(7) $$\varphi(x, y) = \mathrm{G}\,\frac{v^{2x}e^{yv}}{u^{x}} = \int^{x} \frac{d^{2x}\theta(y)}{dy^{2x}}\,dx^{x},$$

valeur que nous pouvons admettre car elle satisfait à l'équation (2) sans qu'on apporte aucune modification à la fonction arbitraire $\theta(y)$.

La somme de ces trois intégrales (5) (6) et (7) donnera l'intégrale complète de l'équation proposée sans second membre. Pour compléter l'intégrale de l'équation (1) il faut ajouter à la somme de ces intégrales l'intégrale particulière (§ **59**).

$$\varphi(x, y) = \mathrm{G}\,\frac{e^{xu' + yv'}}{u'e^{u'} - v'} = \mathrm{G}e^{xu' + yv'} \int_0^\infty e^{tv' - tu'e^{u'}} dt =$$

$$= \frac{1}{\sqrt{\pi}} \sum_{n=0}^{n=\infty} \frac{(-1)^n}{\Gamma(n+1)} \int_0^\infty t^n dt \int_{-\infty}^\infty e^{-\omega^2} \frac{d^n}{dx^n} \mathrm{F}(x + n, y + 2\sqrt{t}\omega) d\omega.$$

§ **108.** — *Soit proposée l'équation*

$$\Delta_s{}^2 z - \frac{d^2 z}{dt^2} = 0.$$

En supposant l'accroissement fini de s égal à l'unité et en posant $z = \mathrm{G}e^{su + tv}$ nous aurons, en suivant la marche ordinaire

$$z = \mathrm{G}e^{su + t(e^u - 1)} = e^{-t} \sum_{n=0}^{n=\infty} \frac{t^n}{\Gamma(n+1)} \varphi(s + n),$$

$$z = \mathrm{G}e^{su - t(e^u - 1)} = e^{t} \sum_{n=0}^{n=\infty} \frac{(-1)^n t^n}{\Gamma(n+1)} \Psi(s + n),$$

$$z = \mathrm{G}e^{tv}(1 + v)^s = \sum_{n=0}^{n=\infty} \frac{s(s-1)\ldots(s-n+1)}{\Gamma(n+1)} \frac{d^n}{dt^n} \chi(t),$$

$$z = \mathrm{G}e^{tv}(1 - v)^s = \sum_{n=0}^{n=\infty} (-1)^n \frac{s(s-1)\ldots(s-n+1)}{\Gamma(n+1)} \frac{d^n}{dt^n} \theta(t).$$

La somme de ces quatre intégrales donnera l'intégrale complète de l'équation proposée qui renferme quatre fonctions arbitraires.

§ **109.** — *Proposons-nous de déterminer l'intégrale de l'équation*

$$(1) \qquad \frac{d^n z}{dy^n} + \mathrm{A}\,\frac{d^{n-1}\Delta_x z}{dy^{n-1}} + \mathrm{B}\,\frac{d^{n-2}\Delta_x{}^2 z}{dy^{n-1}} + \ldots + \mathrm{N}\Delta^n{}_x z = 0,$$

déjà traitée par Laplace (Théorie analy. des prob. page 73).

En supposant que h est l'accroissement fini de x posons comme intégrale

$$z = \mathrm{G}e^{xu + yv},$$

nous aurons en substituant cette valeur dans l'équation

$$Ge^{xu+yv}(v^n+Av^{n-1}(e^{hu}-1)+Bv^{n-2}(e^{hu}-1)^2+\dots+N(e^{hu}-1)^n)=0$$

équation qui établit entre les variables de généralisation u et v la relation

$$v^n+Av^{n-1}(e^{hu}-1)+Bv^{n-2}(e^{hu}-1)^2+\dots+N(e^{hu}-1)^n=0.$$

Désignant par m une quantité constante en posant $v=m(e^{hu}-1)$, nous aurons

$$m^n+Am^{n-1}+Bm^{n-2}+\dots+N=0.$$

Si donc nous représentons par m_1, m_2,... m_p, ... m_n les n racines de cette équation nous aurons $v=m_p(e^{hu}-1)$ et par suite pour z le n expressions

$$z=Ge^{xu+m_p(e^{hu}-1)y},$$

effectuant la généralisation nous obtiendrons n intégrales avec n fonctions arbitraires dont la somme satisfera à l'équation proposée. Nous aurons ainsi

$$(2)\qquad z=\sum_{p=0}^{p=n} e^{-m_py}\sum_{p=0}^{n=\infty}\frac{(m_py)^r}{\Gamma(r+1)}\varphi_p(x+rh),$$

si maintenant nous résolvons l'équation $v=m_p(e^{hu}-1)$ par rapport à e^u nous aurons pour z les n expressions

$$z=G\left(1+\frac{v}{m_p}\right)^{\frac{x}{h}}e^{vy},$$

et par conséquent

$$(3)\qquad z=\sum_{p=1}^{p=n}\sum_{r=0}^{r=\infty}\frac{\frac{x}{h}\left(\frac{x}{h}-1\right)\dots\left(\frac{x}{h}-r+1\right)}{(m_p)^r\Gamma(r+1)}\frac{d^r}{dy^r}\Psi_p(y).$$

La somme des intégrales (2) et (3) donnera l'intégrale de l'équation proposée qui renfermera ainsi $2n$ fonctions arbitraires.

§ **110.** — *Soit proposé d'intégrer l'équation aux différences mêlées avec coefficients variables*

$$(1)\qquad \frac{d\varphi(x,y)}{dx}+P_y\varphi(x,y+1)=F(x,y),$$

P_y *désignant une fonction quelconque, de* y.

Si, désignant par $\theta(y)$ une fonction indéterminée de y, nous posons

$$\varphi(x,y)=\theta(y)\,\Psi(x,y),$$

la substitution de cette valeur dans l'équation proposée donnera

$$\theta(y)\frac{d\Psi(x, y)}{dx} + P_y\theta(y+1)\Psi(x, y+1) = F(x, y),$$

en déterminant la valeur de $\theta(y)$ de sorte que

$$(2)\qquad \theta(y) = P_y\theta(y+1),$$

il en résultera

$$(3)\qquad \frac{d\Psi(x,y)}{dx} + \Psi(x,y+1) = \frac{F(x, y)}{\theta(y)},$$

L'équation (2) s'intègre immédiatement, on y satisfait en posant :

$$\theta(y) = \frac{1}{P_0P_1P_2\ldots\ldots P_{y-1}},$$

pour déterminer la valeur de $\Psi(x, y)$ qui satisfait à l'équation (3) nous supposerons en premier lieu le second membre nul, et, nous poserons

$$\Psi(x, y) = Ge^{xu+yv},$$

il en résultera

$$Ge^{xu+yv}(u + e^v) = 0,$$

nous aurons ainsi les relations $e^v = -u$ et $u = -e^v$ qui donnent respectivement pour $\Psi(x, y)$

$$\Psi(x, y) = G(-u)^y e^{xu} = (-1)^y\frac{d^y\chi(x)}{dx^y},$$

$$\Psi(x, y) = Ge^{yv-xe^v} = \sum_{n=0}^{n=\infty}\frac{(-x)^n}{\Gamma(n+1)}\xi(y+n).$$

Nous aurons ainsi comme intégrale complète de l'équation (3) sans second membre

$$(4)\qquad \Psi(x, y) = (-1)^y\frac{d^y\chi(x)}{dx^y} + \sum_{n=0}^{n=\infty}\frac{(-x)^n}{\Gamma(n+1)}\xi(y+n),$$

χ et ξ désignant deux fonctions arbitraires.

Pour compléter l'intégrale, il faut déterminer l'intégrale particulière qui satisfait à l'équation (3) avec second membre.

Pour cela nous poserons

$$\Psi(x, y) = Ge^{xu+yv}\qquad \frac{F(x, y)}{\theta(y)} = Ge^{xu'+yv'},$$

il en résultera l'équation

$$Ge^{xu+yv}(u + e^v) = Ge^{xu'+yv'},$$

et par conséquent

$$(5) \qquad \Psi(x, y) = G \frac{e^{xu' + yv'}}{e^{v} + u} = \frac{1}{\theta(y)} \sum_{n=0}^{n=\infty} \frac{d^n}{dx^n} F(x, y-n-1),$$

la somme des intégrales (4) et (5) donnera comme intégrale complète de l'équation proposée l'expression

$$\varphi(x, y) = (-1)^y \frac{d^y \chi(x)}{dx^y} +$$

$$+ \sum_{n=0}^{n=\infty} \left[(-1)^n \frac{x^n}{\Gamma(n+1)} \xi(y+n) + \frac{1}{P_0 P_1 P_2 \dots P_{y-1}} \frac{d^n}{dx^n} F(x, y-n-1) \right].$$

Si l'on représente la fonction arbitraire par l'expression

$$\int_0^{\infty} e^{-xt} \theta(t) dt,$$

θ représentera une nouvelle fonction arbitraire, nous pourrons écrire :

$$(-1)^y \frac{d^y \chi(x)}{dx^y} = \int_0^{\infty} e^{-xt} t^y \varphi(t) dt.$$

CHAPITRE XX

INTÉGRATION DES ÉQUATIONS SIMULTANÉES

§ **111.** — *Soit proposé de déterminer la fonction φ qui satisfait aux deux équations aux différences finies*

$$(1)\qquad \begin{cases} \varphi(x, y) = \varphi(x-1, y) + \varphi(x-1, y-1), \\ \varphi(x+1, y+1) = a\varphi(x, y-1). \end{cases}$$

En posant comme intégrale

$$(2)\qquad \varphi(x, y) = \mathrm{G}e^{xu+yv},$$

nous pourrons écrire les deux équations sous les formes

$$\mathrm{G}e^{xu+yv}\left(1 - e^{-u} - e^{-u-v}\right) = 0,$$
$$\mathrm{G}e^{xu+yv}\left(e^{u+v} - ae^{-v}\right) = 0,$$

équations qui seront satisfaites, si l'on établit entre les variables de généralisation les relations

$$1 - e^{-u} - e^{-u-v} = 0, \qquad e^{u+v} - ae^{-v} = 0,$$

on déduit de ces deux équations

$$\left.\begin{aligned} e^{v} &= -\tfrac{1}{2} + \tfrac{1}{2}\sqrt{1+4a} \\ e^{u} &= \frac{\sqrt{1+4a}+1}{\sqrt{1+4a}-1} \end{aligned}\right\} \qquad \left.\begin{aligned} e^{v} &= -\tfrac{1}{2} - \tfrac{1}{2}\sqrt{1+4a} \\ e^{u} &= \frac{\sqrt{1+4a}-1}{\sqrt{1+4a}+1} \end{aligned}\right\}$$

En mettant chacun de ces systèmes de valeurs dans la relation (2) nous aurons en effectuant la généralisation

$$(3)\qquad \varphi(x, y) = \mathrm{C}_1 \frac{(\sqrt{1+4a}+1)^{x}\,(\sqrt{1+4a}-1)^{y-x}}{2^{y}},$$

$$(4)\qquad \varphi(x, y) = \mathrm{C}_2 \frac{(-1)^{y}\,(\sqrt{1+4a}-1)^{x}\,(\sqrt{1+4a}+1)^{y-x}}{2^{y}},$$

C_1 et C_2 désignant deux constantes arbitraires

L'intégrale complète des équations proposées sera donc exprimée par la somme de ces deux intégrales

$$(5)\quad \left\{\begin{aligned} &\varphi(x, y) = \frac{C_1}{2^y}(\sqrt{1+4a}+1)^x(\sqrt{1+4a}-1)^{y-x} + \\ &+ \frac{C_2}{2^y}(\sqrt{1+4a}-1)^x(\sqrt{1+4a}+1)^{y-x}, \end{aligned}\right.$$

§ **112.** — *Proposons-nous de déterminer la fonction $\varphi(x, y, z)$ qui satisfait aux trois équations simultanées.*

$$\varphi(x, y+1, z) - \varphi(x+1, y, z+1) + \varphi(x, y+2, z) = 0,$$
$$\varphi(x, y, z) - \varphi(x+1, y+1, z-1) + \varphi(x, y+1, z) = 0,$$
$$\varphi(x, y, -1, z) - \varphi(x+1, y+1, z) + \varphi(x, y, z+1) = 0.$$

Si nous posons

$$\varphi(x, y, z) = Ge^{xu+yv+zw}.$$

Nous déduirons des équations proposées entre les variables u v et w les trois relations

$$e^v - e^{u+w} + e^{2v} = 0, \quad 1 - e^{u+v-w} + e^v = 0, \quad e^{-v} - e^{u+v} + e^w = 0,$$

en résolvant ces équations, on trouve trois systèmes de valeurs pour e^u, e^v et e^w

$$\begin{aligned} e^u &= 2 \\ e^v &= 1 \\ e^w &= 1 \end{aligned} \quad \left\{\begin{aligned} e^u &= \frac{1+\sqrt{-3}}{2} \\ e^v &= \frac{-1+\sqrt{-3}}{2} \\ e^w &= \frac{-1+\sqrt{-3}}{2} \end{aligned}\right\} \quad \left\{\begin{aligned} e^u &= \frac{1-\sqrt{-3}}{2} \\ e^v &= \frac{-1-\sqrt{-3}}{2} \\ e^w &= \frac{-1-\sqrt{-3}}{2} \end{aligned}\right\}$$

et, en substituant ces valeurs dans l'expression de $\varphi(x, y, z)$, on obtient les trois intégrales

$$\varphi(x, y, z) = Ge^x,$$
$$\varphi(x, y, z) = G\left(\frac{1+\sqrt{-3}}{2}\right)^x\left(\frac{-1+\sqrt{-3}}{2}\right)^{y+z},$$
$$\varphi(x, y, z) = G\left(\frac{1-\sqrt{-3}}{2}\right)^x\left(\frac{-1-\sqrt{-3}}{2}\right)^{y-z},$$

il en résultera, comme G1 est une constante arbitraire, que l'intégrale complète des équations simultanées proposées sera exprimée par

$$\varphi(x, y, z) = C_1e^x + C_2\left(\frac{1+\sqrt{-3}}{2}\right)^x\left(\frac{-1+\sqrt{-3}}{2}\right)^{y+z} +$$
$$+ C_3\left(\frac{1-\sqrt{-3}}{2}\right)^x\left(\frac{-1-\sqrt{-3}}{2}\right)^{y+z},$$

§ **113.** — *Soit proposé de déterminer la fonction $\varphi(x, y, z)$ qui satisfait aux deux équations simultanées*

$$\varphi(x, y+1, z) - \varphi(x+1, y, z+1) + \varphi(x, y-1, z) = 0,$$

$$\frac{d\varphi}{dx} + \frac{d\varphi}{dy} - \frac{d\varphi}{dz} = 0.$$

En posant

$$\varphi(x, y, z) = Ge^{xu + yv + zw},$$

nous pourrons écrire les deux équations sous les formes

$$Ge^{xu + yv + zw}(e^v - e^{u+w} + e^{-v}) = 0,$$

$$Ge^{xu + yv + zw}(u + v - w) = 0,$$

équations qui sont satisfaites, si l'on établit entre les variables de généralisation les relations

$$e^v - e^{u+w} + e^v = 0,$$

$$e^{u+v-w} = 1,$$

en substituant cette dernière équation à la relation $u + v - w = 0$.

En résolvant ces deux équations par rapport aux exponentielles e^u, e^v, e^w, chacune d'elles étant une fonction des autres, on trouve les douze solutions suivantes :

$$(1)\quad e^u = e^u \qquad e^v = e^{-u}(1-e^{-2u})^{-\frac{1}{2}} \qquad e^w = (1 - e^{-2u})^{-\frac{1}{2}},$$

$$(2)\quad e^u = e^u \qquad e^v = e^{-u}(1-e^{-2u})^{-\frac{1}{2}} \qquad e^w = -(1 - e^{-2u})^{-\frac{1}{2}},$$

$$(3)\quad e^u = e^u \qquad e^v = -e^{-u}(1-e^{-2u})^{-\frac{1}{2}} \qquad e^w = (1 - e^{-2u})^{-\frac{1}{2}},$$

$$(4)\quad e^u = e^u \qquad e^v = -e^{-u}(1-e^{-2u})^{-\frac{1}{2}} \qquad e^w = -(1 - e^{-2u})^{-\frac{1}{2}},$$

$$(5)\quad e^u = e^{-v}(1+e^{2v})^{\frac{1}{2}} \qquad e^v = e^v \qquad e^w = (1 + e^{2v})^{\frac{1}{2}},$$

$$(6)\quad e^u = e^{-v}(1+e^{2v})^{\frac{1}{2}} \qquad e^v = e^v \qquad e^w = -(1 + e^{2v})^{\frac{1}{2}},$$

$$(7)\quad e^u = -e^{-v}(1+e^{2v})^{\frac{1}{2}} \qquad e^v = e^v \qquad e^w = (1 + e^{2v})^{\frac{1}{2}},$$

$$(8)\quad e^u = -e^{-v}(1+e^{2v})^{\frac{1}{2}} \qquad e^v = e^v \qquad e^w = -(1 + e^{2v})^{\frac{1}{2}},$$

$$(9)\quad e^u = (1-e^{2w})^{\frac{1}{2}} \qquad e^v = e^w(1 - e^{2w})^{\frac{1}{2}} \qquad e^w = e^w,$$

$$(10)\quad e^u = (1-e^{2w})^{\frac{1}{2}} \qquad e^v = -e^w(1 - e^{2w})^{\frac{1}{2}} \qquad e^w = e^w,$$

$$(11)\quad e^u = -(1-e^{2w})^{\frac{1}{2}} \qquad e^v = e^w(1 - e^{2w})^{\frac{1}{2}} \qquad e^w = e^w,$$

$$(12)\quad e^u = -(1-e^{2w})^{\frac{1}{2}} \qquad c^v = -e^w(1 - e^{2w})^{\frac{1}{2}} \qquad e^w = e^w,$$

qui donnent respectivement pour $\varphi(x, y, z) = \mathrm{G}e^{xu + yv + zw}$ les douze intégrales

$$(1)\quad \varphi(x, y, z) = e^{y - z}\mathrm{G}e^{(x - y)u}(1 - e^{-2u})^{-\frac{y+z}{2}},$$

$$(2)\quad \varphi(x, y, z) = (-1)^z e^{y - z}\mathrm{G}e^{(x - y)u}(1 - e^{-2u})^{-\frac{y-z}{2}},$$

$$(3)\quad \varphi(x, y, z) = (-1)^y e^{y - z}\mathrm{G}e^{(x - y)u}(1 - e^{-2u})^{-\frac{y+z}{2}},$$

$$(4)\quad \varphi(x, y, z) = (-1)^{y + z} e^{y - z}\mathrm{G}e^{(x - y)u}(1 - e^{-2u})^{-\frac{y+z}{2}},$$

$$(5)\quad \varphi(x, y, z) = e^{x - z}\mathrm{G}e^{(y - x)v}(1 + e^{2v})^{\frac{z+x}{2}},$$

$$(6)\quad \varphi(x, y, z) = (-1)^z e^{x - z}\mathrm{G}e^{(y - x)v}(1 + e^{2v})^{\frac{z+x}{2}},$$

$$(7)\quad \varphi(x, y, z) = (-1)^x e^{x - z}\mathrm{G}e^{(y - x)v}(1 + e^{2v})^{\frac{z+x}{2}},$$

$$(8)\quad \varphi(x, y, z) = (-1)^{x + z} e^{x - z}\mathrm{G}e^{(y - x)v}(1 + e^{2v})^{\frac{z+x}{2}},$$

$$(9)\quad \varphi(x, y, z) = e^{x + z}\mathrm{G}e^{(y + z)w}(1 - e^{2w})^{\frac{x+y}{2}},$$

$$(10)\quad \varphi(x, y, z) = (-1)^y e^{x + y}\mathrm{G}e^{(y + z)w}(1 - e^{2w})^{\frac{x+y}{2}},$$

$$(11)\quad \varphi(x, y, z) = (-1)^x e^{x + y}\mathrm{G}e^{(y + z)w}(1 - e^{2w})^{\frac{x+y}{2}},$$

$$(12)\quad \varphi(x, y, z) = (-1)^{x + y} e^{x + y}\mathrm{G}e^{(y + z)w}(1 - e^{2w})^{\frac{x+v}{2}},$$

ce qu'il est facile de vérifier

Nous devons ajouter que si l'on veut que l'intégrale complète, qui est la somme de toutes ces intégrales, puisse représenter chacune de ces intégrales partielles ou seulement la somme d'un certain nombre, il faut au lieu des fonctions arbitraires introduites par la généralisation concevoir que chacune d'elles est multipliée par une constante que l'on pourra poser égale à o lorsqu'on voudra supprimer la fonction arbitraire relative à cette fonction ; nous écrirons en conséquence l'intégrale complète sous la forme

$$\begin{aligned}\varphi(x, y, z) = &\left\{ C_1 + C_2(-1)^z + C_3(-1)^y + C_4(-1)^{y+z}\right\}\times \\ &e^{x + y}\mathrm{G}e^{(x - y)u}(1 - e^{-2u})^{-\frac{y+z}{2}} \\ &+ \left\{ C_5 + C_6(-1)^z + C_7(-1)^x + C_8(-1)^{x+z}\right\}\times \\ &e^{x - z}\mathrm{G}e^{(y - x)v}(1 + e^{2v})^{\frac{z+x}{2}} \\ &+ \left\{ C_9 + C_{10}(-1)^y + C_{11}(-1)^x + C_{12}(-1)^{x+y}\right\}\times \\ &e^{x + y}\mathrm{G}e^{y + x)w}(1 - e^{2w})^{\frac{x+y}{2}}.\end{aligned}$$

En reconnaissant que les fonctions arbitraires qui répondent aux quatre premières intégrales sont égales entre elles qu'il en est de même des quatres suivantes ainsi que des quatre dernières tandis que les intégrales de chaque groupe sont différentes.

§ **114.** — *Soit proposé de déterminer la valeur de* $\varphi(x, y, z) = V$ *qui satisfait aux deux équations simultanées*

$$\frac{d^3V}{dx^3} + \frac{d^3V}{dy^3} + \frac{d^3V}{dz^3} + mV = 0,$$
$$\frac{dV}{dx} + \frac{dV}{dy} + \frac{dV}{dz} = 0.$$

En posant

$$V = Ge^{xu + yv + zw},$$

et en substituant cette valeur dans les équations proposées nous aurons, entre les variables de généralisation, les deux équations

$$u^3 + v^3 + w^3 + m = 0,$$
$$u + v + w = 0,$$

dont on déduit six systèmes de valeurs en les résolvant par rapport à u, v et w,

(1) $u = -\frac{v}{2} + \frac{1}{2}\sqrt{v^2 + \frac{4m}{3v}}$ $v = v$ $w = -\frac{v}{2} - \frac{1}{2}\sqrt{v^2 + \frac{4m}{3v}}$

(2) $u = -\frac{v}{2} - \frac{1}{2}\sqrt{v^2 + \frac{4m}{3v}}$ $v = v$ $w \equiv -\frac{v}{2} - \frac{1}{2}\sqrt{v^2 + \frac{4m}{3v}}$

(3) $u = -\frac{w}{2} - \frac{1}{2}\sqrt{w^2 + \frac{4m}{3w}}$ $v = -\frac{w}{2} - \frac{1}{2}\sqrt{w^2 + \frac{4m}{3w}}$ $w = w$

(4) $u = -\frac{w}{2} - \frac{1}{2}\sqrt{w^2 + \frac{4m}{3w}}$ $v = -\frac{w}{2} + \frac{1}{2}\sqrt{w^2 + \frac{4m}{3w}}$ $w = w$

(6) $u = u$ $v = -\frac{u}{2} + \frac{1}{2}\sqrt{u^2 + \frac{4m}{3u}}$ $w = -\frac{u}{2} - \frac{1}{2}\sqrt{u^2 + \frac{4m}{3u}}$

(6) $u = u$ $v = -\frac{u}{2} - \frac{1}{2}\sqrt{u^2 + \frac{4m}{3u}}$ $w = -\frac{u}{2} + \frac{1}{2}\sqrt{u^2 + \frac{4m}{3u}}$

Si l'on substitue dans l'expression de V les valeurs de u, v, w données le système (1) nous aurons

$$(7) \qquad V = Ge^{\left(y - \frac{x+z}{2}\right)v + \frac{x-z}{2}\sqrt{v^2 + \frac{4m}{3v}}},$$

en faisant dans l'intégrale connue

$$e^{-a\sqrt{t}} = \frac{2}{\sqrt{\pi}}\int_0^\infty e^{-\omega^2 - \frac{a^2 t}{\omega^2}}\,d\omega,$$

$a = \frac{z - x}{2}$ et $t = v^2 + \frac{4m}{3v}$ il en résultera

$$e^{\frac{x-z}{2}\sqrt{v^2+\frac{3m}{3v}}} = \frac{2}{\sqrt{\pi}}\int_0^\infty e^{-\omega^2 + \left(\frac{z-x}{4\omega}\right)^2 v^2 - \frac{(z-x)^2}{12\omega^2}\frac{m}{v}} d\omega,$$

et par suite

$$(8)\quad V = \frac{2}{\sqrt{\pi}}\int_0^\infty e^{-\omega^2} d\omega\, Ge^{\left(y - \frac{x+z}{2}\right)v - \left(\frac{z-x}{4\omega}\right)^2 v^2 - \frac{(z-x)^2}{12\omega^2}\frac{m}{v}},$$

la généralisation de cette formule que l'on peut effectuer par facteurs donnera une intégrale des équations proposées avec une fonction arbitraire.

Le système des valeurs u, v et w exprimées par les relations (3) donnera de même

$$(9)\qquad V = Ge^{\left(z - \frac{x+y}{2}\right)w - \frac{x+y}{2}\sqrt{w^2+\frac{4m}{3w}}},$$

dont on déduira

$$(10)\quad V = \frac{2}{\sqrt{\pi}}\int_0^\infty e^{-\omega^2} d\omega\, Ge^{\left(z - \frac{x+y}{2}\right)w - \left(\frac{y+x}{4\omega}\right)^2 w^2 + \frac{(y-x)^2}{12\omega^2}\frac{m}{w}}.$$

De même le système des valeurs u, v et w exprimées par les relations (5) donnera

$$(11)\qquad V = Ge^{\left(x - \frac{y-z}{2}\right)u + \frac{y-z}{2}\sqrt{u^2+\frac{4m}{3u}}},$$

dont on déduit

$$(12)\quad V = \frac{2}{\sqrt{\pi}}\int_0^\infty e^{-\omega^2} d\omega\, Ge^{\left(x - \frac{y-z}{2}\right)u - \left(\frac{y-z}{}\right)^2 u^2 - \frac{(y-z)^2}{12\omega^2}\frac{m}{u}}.$$

Les systèmes des valeurs u, v et w exprimées par les relations (2), (4) et (6) conduisent respectivement aux mêmes intégrales que les systèmes (1), (3) et (5) de sorte que l'intégrale complète des équations simultanées proposées se composera de la somme des intégrales (8), (10) et (12) et contiendra trois fonctions arbitraires, s'il est reconnu que ces fonctions, introduites par la généralisation, sont bien différentes entre elles.

§ **115**. — *Soit encore proposé de déterminer la fonction* V *qui satisfait aux trois équations simultanées*

$$\frac{d^2V}{dz^2} - \frac{d^2V}{dydz} = aV,$$
$$\frac{d^2V}{dy^2} - \frac{d^2V}{dxdz} = bV,$$
$$\frac{d^2V}{dz^2} - \frac{d^2V}{dxdy} = cV,$$

en posant

$$V = Ge^{xu + yv + zw},$$

nous en déduirons, entre les variables de généralisation, les trois équations

$$(1) \qquad u^2 - vw = a \qquad v^2 - uw = b \qquad w^2 - uv = c,$$

de ces équations résultent les deux équations suivantes

$$bu + cv + aw = 0,$$
$$cu + av + bw = 0,$$

qu'on peut considérer comme les équations caractéristiques des deux équations différentielles

$$b\frac{dV}{dx} + c\frac{dV}{dy} + a\frac{dV}{dz} = 0,$$
$$c\frac{dV}{dx} + a\frac{dV}{dy} + b\frac{dV}{dz} = 0,$$

qui représentent des intégrales premières des équations proposées

En résolvant les équations (1) nous trouverons

$$u = \pm\frac{a^2 - bc}{\sqrt{a(a^3 + b^3 + c^3 - 3abc)}},$$
$$v = \frac{b^2 - ac}{a^2 - bc}u,$$
$$w = \frac{c^2 - ab}{a^2 - bc}u.$$

Ces valeurs mises dans l'expression de V donneront

$$V = Ge^{\pm\frac{(a^2 - bc)x + (b^2 - ac)y + (c - ab)z}{\sqrt{a(a^8 + b^3 + c^3 - 3abc)}}},$$

l'intégrale complète des équations proposées sera donc exprimée par

$$V = C_1e^{\frac{(a^2 - bc)x + (b^2 - ac)y + (c^2 - ab)z}{\sqrt{a(a^3 + b^3 + c^3 - 3abc)}}} + C_2e^{-\frac{(a^2 - bc)x + (b^2 - ac)y + (c^2 - ab)z}{\sqrt{a(a^3 + b^3 + c^3 - 3abc)}}},$$

C_1 et C_2 étant deux constantes arbitraires.

CHAPITRE XXI

—

INTÉGRATION DE QUELQUES ÉQUATIONS QU'ON PEUT TRANSFORMER EN ÉQUATIONS LINÉAIRES

§ **116**. — *Proposons-nous d'intégrer l'équation*

$$(1) \qquad \varphi(x+a)^m \, \varphi(x+b)^n = \mathrm{F}(x),$$

F(x) *étant une fonction donnée.*

En prenant les logarithmes des deux membres nous aurons l'équation linéaire

$$(2) \qquad m \log \varphi(x+a) + n \log \varphi(x+b) = \log \mathrm{F}(x),$$

si nous posons

$$(3) \qquad \log \varphi(x) = \mathrm{G}e^{xu'},$$

$$(4) \qquad \log \mathrm{F}(x) = \mathrm{G}e^{xu},$$

nous aurons, en supposant le second membre de cette équation (2) égal à zéro, l'équation caractéristique

$$me^{au'} + ne^{bu'} = 0,$$

dont on déduit

$$e^{u'} = \sqrt[a-b]{-\frac{n}{m}} = \left(\frac{n}{m}\right)^{\frac{1}{a-b}} \left(\cos\frac{(2k+1)\pi}{a-b} + \sin\frac{(2k+1)\pi}{a-b}\sqrt{-1}\right),$$

cette valeur mise dans l'identité (3) donne

$$(5) \quad \log \varphi(x) = \sum_{k=0}^{k=a-b-1} \mathrm{C}_k \left(\frac{n}{m}\right)^{\frac{x}{a-b}} \left\{ \cos\frac{(2k+1)\pi}{a-b}x + \sin\frac{(2k+1)\pi}{a-b}x\sqrt{-1} \right\}$$

Pour déterminer une intégrale particulière de l'équation (2) avec second membre nous obtiendrons, à l'aide des expressions (3) et (4) subtituée dans l'équation, la relation symbolique

$$\mathrm{G}e^{xu'}(me^{au'} + ne^{bu'}) = \mathrm{G}e^{xu},$$

et par conséquent pour intégrale particulière

$$(6)\quad Ge^{xu'} = \log \varphi(x) = G\frac{e^{xu}}{me^{au}+ne^{bu}} = \frac{1}{n}\sum_{p=0}^{p=\infty}\left(-\frac{m}{n}\right)^p \log F(x-b+(a-b)p)$$

par suite l'intégrale de l'équation sera exprimée par

$$\log \varphi(x) = \sum_{k=0}^{k=a-b-1} C_k\left(\frac{n}{m}\right)^{\frac{x}{a-b}} e^{\frac{2k+1}{a-b}\pi x\sqrt{-1}} +$$

$$+\frac{1}{n}\sum_{p=0}^{p=\infty}\left(-\frac{n}{m}\right)^p \log F(x-b+(a-b)p),$$

nous pourrons donc écrire pour la valeur de $\varphi(x)$ qui satisfait à l'équation proposée (1)

$$(7)\quad \begin{cases} \varphi(x) = \dfrac{F(x-b)^{\frac{1}{n}} F(x+2a-3b)^{\frac{m^2}{n^3}} F(x+4a-5b)^{\frac{m^4}{n^5}}\ldots}{F(x+a-2b)^{\frac{m}{n^2}} F(x+3a+4b)^{\frac{m^3}{n^4}} F(x+5a-6b)^{\frac{m^5}{n^6}}\ldots} \times \\ e^{\sum_{k=0}^{h=a+b-1} C_k\left(\frac{m}{n}\right)^{\frac{x}{a-b}} e^{\frac{2k+1}{a-b}\pi x\sqrt{-1}}}, \end{cases}$$

§ **117.** — *Proposons-nous de déterminer la fonction $\varphi(x)$ qui satisfait à l'équation plus générale*

$$(1)\quad \varphi(x+a)^m\,\varphi(x+b)^n\,\varphi(x+c)^p\ldots = F(x),$$

$F(x)$ étant une fonction donnée

On transforme cette équation en équation aux différences linéaire en prenant les logarithmes des deux membres

$$(2)\quad m\log\varphi(x+a)+n\log\varphi(x+b)+p\log(x+c)+\ldots=\log F(x).$$

En supposant le second membre nul, et, en posant $\log\varphi(x) = Ge^{xu}$ nous obtiendrons comme équation caractéristique

$$me^{au}+ne^{bu}+pe^{cu}+\ldots=0.$$

Si donc, nous posons $e^u = r$ il en résultera l'équation

$$(3)\quad mr^a+nr^b+pr^c+\ldots=0,$$

en désignant par r_k l'une quelconque des racines de cette équation, nous aurons :

$$\log\varphi(x) = \sum C_k(r_k)^x,$$

et, par conséquent, l'intégrale complète de l'équation (2) sera donnée par :

$$\log \varphi(x) = \sum C_k (r_k)^x,$$

le signe Σ s'étendant à toutes les racines de l'équation (3).

Pour déterminer une intégrale particulière de l'équation (2) avec second membre posons

$$\log \varphi(x) = \mathrm{G}e^{xu},$$
$$\log \mathrm{F}(x) = \mathrm{G}e^{xu'},$$

nous aurons

$$\mathrm{G}e^{ux}(me^{au} + ne^{bu} + pe^{cu} + \ldots) = \mathrm{G}e^{xu'},$$

et par conséquent

$$\mathrm{G}e^{xu} = \log \varphi(x) = \mathrm{G}\frac{e^{xu'}}{me^{au'} + ne^{bu'} + pe^{cu'} + \ldots}.$$

L'intégrale de l'équation (2) sera donc exprimée par :

$$\log \varphi(x) = \sum C_k (r_k)^x + \mathrm{G}\frac{e^{xu'}}{me^{au'} + ne^{bu'} + pe^{cu'} + \ldots}.$$

Nous aurons ainsi comme intégrale de l'équation proposée (1)

$$\varphi(x) = e^{\sum C_k (r_k)^x + \mathrm{G}\frac{e^{xu'}}{me^{au'} + ne^{bu'} + pe^{cu'} + \ldots}},$$

que nous pouvons écrire sous la forme

$$\varphi(x) = e^{\mathrm{G}\frac{e^{xu'}}{me^{au'} + ne^{bu'} + pe^{cu'} + \ldots}} \prod C_k^{(r_k)^x}.$$

Proposons-nous, comme cas particulier, *de determiner la fonction $\varphi(x)$ qui satisfait à l'équation*

(6) $$\varphi(x)\,\varphi(x + a)\,\varphi(x + 2a) \ldots \varphi(x + (m - 1)a) = \mathrm{F}(x).$$

Nous aurons comme équation (3) pour déterminer les racines r_k

$$1 + r^a + r^{2a} + \ldots + r^{(m-1)a} = 0,$$

équation qui donne

$$r_k = \cos\frac{2k\pi}{ma} + \sin\frac{2k\pi}{ma}\sqrt{-1} = e^{\frac{2k\pi}{ma}\sqrt{-1}},$$

k étant égal à 1, 2, 3, ... $ma - 1$.

Nous avons d'autre part

$$G\frac{e^{xu'}}{me^{au'}+ne^{bu'}+pe^{cu'}+\ldots}=Ge^{xu'}\frac{1-e^{au'}}{1-e^{mau'}}=\sum_{n=0}^{n=\infty}\log\frac{F(x+amn)}{F(x+a(mn+1))}$$

et par conséquent

$$e^{G\frac{e^{xu'}}{me^{au'}+ne^{bu'}+pe^{cu'}+\ldots}}=e^{\sum\limits_{n=0}^{n=\infty}\log\frac{F(x+amn)}{F(x+a(mn+1))}}=\prod_{n=0}^{n=\infty}\frac{F(x+amn)}{F(x+a(mn+1))}$$

Il en résulte que l'intégrale de l'équation proposée donnée par la formule (5) sera exprimée par

$$(7)\qquad \varphi(x)=\prod_{n=0}^{n=\infty}\frac{F(x+amn)}{F(x+a(mn+1))}\prod_{k=1}^{k=am-1}C_k^{\frac{2k\pi}{am}x\sqrt{-1}}.$$

Dans le cas où $F(x)=1$ la valeur de $\varphi(x)$ se réduit à

$$\varphi(x)=\prod_{k=1}^{k=am-1}C_k^{\frac{2k\pi}{am}x\sqrt{-1}},$$

C'est ainsi que l'équation

$$\varphi(x)\,\varphi(x+1)=1,$$

aura pour intégrale $\varphi(x)=C^{(-1)^x}$ comme il est facile de le vérifier.

§ **118.** — *Soit proposé de déterminer la fonction $\varphi(x)$ qui satisfait à l'équation*

$$(1)\qquad F(x)^{\varphi(x+a)}-F_1(x)^{\varphi(x+b)}=0,$$

dans laquelle $F(x)$ *et* $F_1(x)$ *sont deux fonctions données.*

En passant aux logarithmes nous aurons

$$(2)\qquad \log\varphi(x+a)-\log\varphi(x+b)=\log\frac{\log F_1(x)}{\log F(x)},$$

équation linéaire aux différences que nous pouvons intégrer de la manière suivante :

Si nous posons

$$(3)\qquad Ge^{xu'}=\log\varphi(x),$$

$$(4)\qquad Ge^{xu}=\log\frac{\log F_1(x)}{\log F(x)},$$

l'équation (2), en supposant son second membre nul, pourra se mettre sous la forme symbolique

$$Ge^{xu'}(e^{au'}-e^{bu'})=0,$$

et en déterminant $e^{u'}$ de sorte que

$$e^{au'} - e^{bu'} = 0,$$

nous aurons :

$$e^{u'} = \sqrt[a-b]{1} = \cos \frac{2k\pi}{a-b} + \sin \frac{2k\pi}{a-b} \sqrt{-1},$$

et par suite, à l'aide de l'expression (3), il en résultera

$$(5)\quad \log \varphi(x) = \sum_{n=0}^{n=a-b-1} C_k \left(\cos \frac{2k\pi}{a-b}\, x + \sin \frac{2k\pi}{a-b}\, x\sqrt{-1}\right),$$

c'est l'intégrale de l'équation (2) lorsque le second membre est nul.

Si, maintenant nous admettons que le second membre de l'équation (2) ne soit pas zéro, nous aurons, à l'aide des relations (3), et (4) l'équation symbolique

$$Ge^{xu'}\,(e^{au'} - e^{bu'}) = Ge^{xu},$$

et par suite nous aurons :

$$(6)\quad \log \varphi(x) = Ge^{xu'} = G\frac{e^{xu}}{e^{au} - e^{bu}} = \sum_{n=0}^{n=\infty} \log \frac{\log F_1(x - a + (b - a)n)}{\log F(x - a + (b - a)n)},$$

nous obtiendrons ainsi une intégrale particulière de l'équation (2) avec second membre.

L'intégrale complète de l'équation (2) sera donc exprimée par la somme des intégrales (5) et (6) soit

$$\log \varphi(x) = \sum_{k=0}^{k=a-b-1} C_k\left(\cos \frac{2k\pi x}{a-b} + \sin \frac{2k\pi x}{a-b} \sqrt{-1}\right) + \\ + \sum_{n=0}^{n=\infty} \log \frac{\log (F_1(x - a + (b - a)n)}{\log (F(x - a + (b - a)n)},$$

nous aurons donc pour la valeur de $\varphi(x)$ qui satisfait à l'équation proposée

$$(7)\quad \varphi(x) = \prod_{k=0}^{k=a-b-1} (C_k)^{e^{\frac{2k\pi x}{a-b}\sqrt{-1}}} \prod_{n=0}^{n=\infty} \frac{\log(F_1(x - a + (b - a)n)}{\log F(x - a + (b - a)n)}$$

Cette formule devient illusoire lorsque les fonctions $F(x)$ et $F_1(x)$ se réduisent à des constantes p et q.

Mais, dans ce cas, l'équation se présente sous la forme

$$p^{\varphi(x+a)} - q^{\varphi(x+b)} = 0,$$

que l'on transforme en équation linéaire

$$\varphi(x+a) - \frac{\log q}{\log p}\varphi(x+b) = 0,$$

dont l'intégrale est donnée par l'expression

$$\varphi(x) = \sum_{k=0}^{k=a-b-1} C_k \left(\frac{\log q}{\log p}\right)^{\frac{x}{a-b}} \left\{ \cos\frac{2k\pi x}{a-b} + \sin\frac{2k\pi x}{a-b}\sqrt{-1} \right\},$$

§ **119.** — *Soit proposé de déterminer la fonction $\varphi(x)$ qui satisfait à l'équation*

(1) $$\varphi(x+a)^{F(x)} - \varphi(x+b)^{F_1(x)} = 0,$$

$F(x)$ et $F_1(x)$ étant des fonctions données de x.

L'équation donne en passant aux logarithmes l'équation linéaire

(2) $$\log\log\varphi(x+a) - \log\log\varphi(x+b) = \log\frac{F_1(x)}{F(x)},$$

que nous pouvons intégrer de la manière suivante.

Si nous posons

(3) $$Ge^{xu'} = \log\log\varphi(x),$$

(4) $$Ge^{xu} = \log\frac{F_1(x)}{F(x)},$$

l'équation (2), en supposant son second membre nul, pourra se mettre sous la forme

$$Ge^{xu'}(e^{au'} - e^{bu'}) = 0,$$

et en déterminant $e^{u'}$ de sorte que

$$e^{au'} - e^{bu'} = 0,$$

nous aurons

$$e^{u'} = \sqrt[a-b]{1} = \cos\frac{2k\pi}{a-b} + \sin\frac{2k\pi}{a-b}\sqrt{-1},$$

et par suite à l'aide de l'expression (3) il en résultera

(5) $$\log\log\varphi(x) = \sum_{k=0}^{k=a-b-1} C_k\left(\cos\frac{2k\pi}{a-b}x + \sin\frac{2k\pi}{a-b}x\sqrt{-1}\right),$$

c'est l'intégrale de l'équation (2) lorsque son second membre est nul.

Si, maintenant, nous admettons que le second membre de l'équation (2) ne soit pas zéro, nous aurons à l'aide des relations (3) et (4) l'équation symbolique

$$Ge^{xu'}(e^{au'} - e^{bu'}) = Ge^{xu},$$

et par suite

$$(6)\quad Ge^{xu'} = \log\log\varphi(x) = G\,\frac{e^{xu}}{e^{au'} - e^{bu'}} = \sum_{n=0}^{n=\infty} \log\frac{F_1(x - a + (b - a)n)}{F(x - a + (b - a)n)}$$

Nous obtiendrons ainsi une intégrale particulière de l'équation (2) avec un second membre.

L'intégrale complète de l'équation (2) sera donc exprimée par la somme des intégrales (5) et (6) soit

$$(7)\left\{\begin{aligned} \log\log\varphi(x) = & \sum_{k=0}^{k=a-b-1} C_k\left(\cos\frac{2k\pi}{a-b}\,x + \sin\frac{2k\pi}{a-b}\,x\sqrt{-1}\right) + \\ & + \sum_{n=0}^{n=\infty} \log\frac{F_1(x - a + (b - a)n)}{F(x - a + (b - a)n)}, \end{aligned}\right.$$

Nous aurons donc pour la valeur de $\varphi(x)$ qui satisfait à l'équation proposée (1)

$$(8)\quad \varphi(x) = e^{\prod\limits_{k=0}^{k=a-b-1} (C_k)^{\frac{2k\pi}{a-b}x\sqrt{-1}}} \prod_{n=0}^{n=\infty} \frac{F_1(x - a + (b - a)n)}{F(x - a + (b - a)n)},$$

TABLE DES MATIÈRES

SAINT-AMAND (CHER). — IMPRIMERIE LITTÉRAIRE ET SCIENTIFIQUE BUSSIÈRE FRÈRES

ŒUVRES

COMPLÈTES

USTIN CAUCHY

PUBLIÉES SOUS LA DIRECTION SCIENTIFIQUE

\CADÉMIE DES SCIENCES

ET SOUS LES AUSPICES

NISTRE DE L'INSTRUCTION PUBLIQUE.

SÉRIE. — TOME II.

PUBLIÉ AVEC LE CONCOURS

E LA RECHERCHE SCIENTIFIQUE

PARIS

-VILLARS, ÉDITEUR-IMPRIMEUR-LIBRAIRE

Quai des Grands-Augustins, 55.

—

MCMLVIII

D’

R-VILLARS
55

ŒUVRES

DE

A. CAUCHY

IIe SÉRIE.

TOME II.

LIBRAIRIE
GAUTHIER-VILLARS

1958

www.ingramcontent.com/pod-product-compliance
Ingram Content Group UK Ltd.
Pitfield, Milton Keynes, MK11 3LW, UK
UKHW021043200726
13857UKWH00003B/782